Springer

Berlin
Heidelberg
New York
Barcelona
Budapest
Hongkong
London
Mailand
Paris
Santa Clara
Singapur
Tokio

Rudolph E. Burger

Color-
management

Konzepte, Begriffe, Systeme

Springer

Autor
Rudolph E. Burger

Originally published in English under the title:
"Color Management Systems" by
Rudolph E. Burger
Copyright © Color Resource 1993
All Rights Reserved

Übersetzer
Thomas Merz
Tal 40
80331 München

Unter Mitarbeit von
Jan-Peter Homann
Kastanienallee 2
10435 Berlin

ISSN 1431-2484 Edition PAGE
ISBN 3-540-61202-5 Springer-Verlag Berlin Heidelberg NewYork

Die Deutsche Bibliothek – CIP-Einheitsaufnahme

Burger, Rudolph E.:
Colormanagement: Konzepte, Begriffe, Systeme / Rudolph E. Burger. Vorw. zur deutschen Ausgabe
von Jan-Peter Homann. Aus dem Amerikan. übers. von Thomas Merz. – Berlin; Heidelberg; New York;
Barcelona; Budapest; Hongkong; London; Mailand; Paris; Santa Clara; Singapur; Tokio: Springer, 1997
(Edition PAGE).
ISBN 3-540-61202-5

© Springer-Verlag Berlin Heidelberg 1997
Printed in Germany

Umschlaggestaltung: Künkel + Lopka Werbeagentur, Heidelberg
Satz und Layout: Thomas Merz, München
Druck: Appl, Wemding
SPIN 10517384   33/3142 – 5 4 3 2 1 0 – Gedruckt auf säurefreiem Papier

Vorwort zur deutschen Ausgabe

Colormanagement ist ein Leitbegriff, um in einer offenen Systemwelt konsistente Farbe von der Eingabe über die Gestaltung bis hin zur Ausgabe zu erreichen. Das Buch beschreibt diese Technologie von den theoretischen Grundlagen bis hin zur konkreten Integration in Scansoftware und Lösungen für den digitalen Proof. Da sich der Markt und die Produkte sehr schnell entwickeln, wurde der amerikanische Originaltext an einigen Stellen überarbeitet, um der aktuellen Situation gerecht zu werden.

Das erste Kapitel über die Grundlagen der Farbwahrnehmung wurde ohne Veränderung übernommen. Die im zweiten Kapitel vermittelten Grundbegriffe zur Farbverarbeitung im Computer entsprechen ebenfalls der Originalausgabe. Als Ergänzung zum Thema geräteunabhängige Farbe wurde noch die standardisierte Farbverarbeitung für die Euroskala eingearbeitet.

Das dritte Kapitel widmet sich der Farbcharakterisierung der wichtigsten Peripheriegeräte (Scanner, Monitor und Drucksysteme). Die deutsche Ausgabe verwendet dabei als geräteunabhängige Referenz den CIELAB-Farbraum, um einen klaren Bezug zur Praxis der Farbmessung und der verfügbaren Software herzustellen. In der Originalausgabe wurde die Variante CIEXYZ verwendet.

Den Abschluß bildet das vierte Kapitel mit der Integration von Colormanagement in die Produktionspraxis. Hier hat sich der Markt so schnell entwickelt, daß der Abschnitt völlig neu geschrieben werden mußte. Das Kapitel erläutert das Zusammenspiel des ICC-Standards mit PostScript und stellt konkrete Lösungen für die Reproduktion und den digitalen Proof vor.

Das Buch wendet sich an die Profis des graphischen Gewerbes, die die Funktionsweise von Colormanagement und die Anwendung in der Praxis verstehen wollen. Das Spektrum reicht dabei von den Gestaltern über die klassische Druckvorstufe bis hin zum Drucker, der die Zusammenarbeit mit der Druckvorstufe sucht. Dabei wird vorausgesetzt, daß der Leser mit den Grundlagen der Farbverarbeitung unter PostScript vertraut ist.

Berlin, im März 1997
Jan-Peter Homann

Aus dem Vorwort der Originalausgabe

Das Thema Farbe berührt fast alle Aspekte unseres Lebens. Im Gegensatz dazu behandelt dieses Buch nur einen sehr kleinen Teilbereich des Themas, nämlich die exakte Übertragung von Farbe zwischen verschiedenen Bildverarbeitungsgeräten und -medien. Diese Aufgabe wird von spezieller Software, sogenannten Colormanagement-Systemen, erfüllt. Da Druck- und Fotobranche schon seit mehr als 150 Jahren exzellente Farbreproduktionen liefern, stellt sich vielleicht die Frage, wozu ein weiteres Buch über Farbe gut sein soll. Die Antwort liegt in der Entwicklung der Personal Computer.

In den achtziger Jahren wurden Personal Computer durch die Kombination von vier revolutionären Technologien in die Lage versetzt, typographisch hochwertige Druckerzeugnisse zu produzieren: die PostScript-Software von Adobe, der Laserdrucker von Canon, der Macintosh-Computer von Apple und die Layout-Software PageMaker von Aldus. Damit konnte eine einzige Person Text und Graphik erzeugen, Seitengestaltung und Layout besorgen und sich um viele Gesichtspunkte der Produktion kümmern. Die Software-Entwickler reagierten darauf, indem sie die Erkenntnisse aus mehreren Jahrzehnten Herstellungserfahrung in benutzerfreundliche Software einfließen ließen, die das Desktop-Publishing-Zeitalter begründete. Die Benutzer konnten davon ausgehen, daß sie auf Knopfdruck die am Computerbildschirm angezeigten Inhalte exakt reproduzieren können (*what you see is what you get*, WYSIWYG).

Mit dem Aufkommen hochauflösender digitaler Farbe in den späten achtziger Jahren konnten Desktop-Publisher Vollfarbbilder in ihre Dokumente integrieren. Obwohl die exakte Wiedergabe eines Farbbildes wesentlich komplexer ist als die Darstellung eines Fonts, hatte sich bei den Benutzern die Erwartung festgesetzt, daß die farbgetreue Wiedergabe auf Knopfdruck machbar sei. Damit hing die Latte für Software-Entwickler wesentlich höher.

Die Resultate der ersten Welle farbfähiger DTP-Software waren enttäuschend. Die Bilder waren trüb und verwaschen, und in der Druckindustrie fragte man sich, ob sich der Markt in zwei Segmente für hochwertige Farbe und DTP-Farbe aufteilen würde. Dies wiesen die DTP-Anhänger jedoch weit von sich. Zeitschriften und Kleinbildphotographie hatten gewisse Erwartungen an die Farbqualität geschaffen, die sich aufgrund der Beschränkungen einer neuen Technologie nicht so einfach ändern würden.

Die Software-Entwickler standen vor der Herausforderung, jahrzehntelange Erfahrungen mit Farbseparationsverfahren in ihre Produkte zu integrieren. Sobald das erfolgt war, konnten Fachleute mit DTP-Software hochwertige Farbseparationen erzeugen. Was der Markt jedoch wirklich brauchte, war ein System, das auf Knopfdruck hochwertige Farbreproduktion erlaubte – unabhängig davon, welches der vielen am Markt erschienenen Farbgeräte man benutzte.

In der Druckindustrie setzte sich das Konzept der „geräteunabhängigen Farbe" als Lösung für die Forderung des Marktes nach *Plug-and-Play*-Farbsystemen durch. Kapitel 1 dieses Buches stellt die Grundlagen der wissenschaftlichen Farblehre dar, die man kennen muß, um die Probleme und Lösungen für exakte Farbwiedergabe mittels geräteunabhängiger Farbe zu verstehen. Kapitel 2 beschäftigt sich mit der Speicherung, Verarbeitung und Wiedergabe von Farbe mit einem Computer. Kapitel 3 untersucht, wie sich die Farbeigenschaften der drei wichtigsten Peripheriegeräte eines Bildverarbeitungssystems – Scanner, Monitor und Drucker – mathematisch darstellen lassen. Kapitel 4 beschreibt schließlich Colormanagement-Systeme, also integrierte Systemsoftware, von der die Industrie hofft, daß sie auch dem Laien hochwertige Farbreproduktionen erlaubt.

Inhaltsverzeichnis

3 Gerätecharakterisierung und Kalibrierung 31

1 Grundlagen

ÜBERSICHT

1.1   Farbe in der Physik

Bevor wir auf Colormanagement eingehen können, müssen wir einige physikalische Grundlagen zum Thema Farbe behandeln. Dies ist eine Voraussetzung zum Verständnis der Konzepte, auf denen Colormanagement basiert. Wir definieren außerdem einige Schlüsselbegriffe, die im Zusammenhang mit Colormanagement auftauchen.

Lichtquellen, Objekte und Empfänger

Sichtbares Licht besteht aus elektromagnetischer Strahlung, deren Wellenlänge etwa zwischen 400 nm (Nanometer, also 10^{-9} Meter) und 700 nm liegt (siehe Abbildung 1). Dieser Bereich wird als sichtbares Spektrum bezeichnet. Die sogenannten Regenbogenfarben treten zwischen dem kurzwelligen Ende des sichtbaren Spektrums (dunkles Blau) und dem langwelligen Ende (dunkles Rot) auf. Elektromagnetische Strahlung, deren Wellenlänge unter 400 nm oder über 700 nm liegt, ist nicht sichtbar und wird als Ultraviolett bzw. Infrarot bezeichnet.

Drei Elemente sind erforderlich, um den Sinneseindruck Farbe hervorzurufen: eine Lichtquelle, ein Objekt, dessen Farbe beobachtet wird, und ein Lichtempfänger. Diese drei Elemente kann man mit Hilfe ihrer Spektraleigenschaften beschreiben.

Die Farbe, mit der wir ein Objekt wahrnehmen, hängt von den Spektraleigenschaften der Lichtquelle ab. Ein Objekt kann unter fluoreszierendem Licht gelblich erscheinen, bei Tageslicht jedoch bläulich. Man kann Lichtquellen durch ihre spektrale Energieverteilung beschreiben

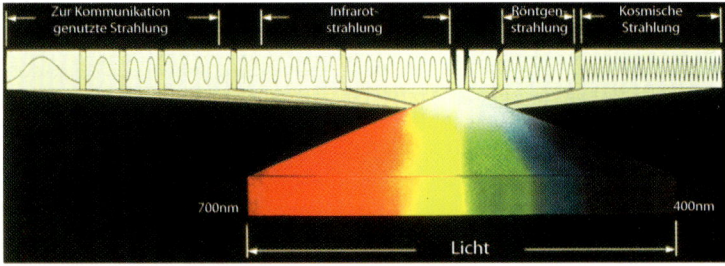

Abb. 1 Das sichtbare Spektrum

(zur Messung benutzt man ein Spektroradiometer, das wir später in diesem Kapitel noch genauer behandeln werden). Sonnenlicht weist zur Mittagszeit eine annähernd gleichmäßige Verteilung von Strahlungsenergie über alle Wellenlängen des sichtbaren Spektrums auf. Es erscheint daher farblos und wird als neutral bezeichnet. Bei künstlichen Lichtquellen, etwa Neonröhren oder Wolfram-Halogenlampen, ist die Strahlungsenergie nicht gleichmäßig verteilt. Ihr Licht erscheint daher nicht neutral.

Die Reinheit einer weißen Lichtquelle – sei es Sonnenlicht, künstliches Licht oder das Licht eines Monitors, bei dem alle RGB-Kanonen mit voller Intensität strahlen – läßt sich mit Hilfe der Farbtemperatur oder des Weißpunkts messen. Unter der Farbtemperatur versteht man die in Grad Kelvin (K) gemessene Temperatur eines sogenannten Planckschen Strahlers oder Schwarzkörpers. Das ist ein Hohlkörper, der die gesamte auftreffende Energie absorbiert. Wird der Strahler erhitzt, so verändert er seine Farbe von rot bei 2000 K über weiß bei 5000 K bis zu blau bei 10 000 K. Eine Lichtquelle läßt sich mittels der Farbtemperatur des Planckschen Strahlers beschreiben, die der Lichtquelle am nächsten kommt. Einige Beispiele: Die Farbtemperatur einer 60-Watt-Glühbirne beträgt 2800 K, diejenige einer kalten weißen Neonröhre 4370 K. Sonnenlicht entspricht zur Mittagszeit einer Farbtemperatur von 5500 K.

Physikalische Objekte kann man mit der zugehörigen spektralen Remissionsfunktion (die mit einem Spektralphotometer gemessen wird) oder der Transmissionsfunktion beschreiben – je nachdem, ob das Objekt hauptsächlich Licht reflektiert (etwa eine Blume oder eine bemalte Fläche) oder Licht hindurchläßt (zum Beispiel ein Dia). Ein neutral gefärbtes Objekt (schwarz, weiß oder grau) läßt bei jeder Wellenlänge des sichtbaren Spektrums gleiche Anteile von Strahlungsenergie durch bzw. reflektiert gleiche Anteile.

Lichtempfänger lassen sich anhand ihrer spektralen Empfindlichkeit beschreiben, d.h. die relative Empfindlichkeit bezüglich allen Wellenlängen des sichtbaren Spektrums. Videokameras und das menschliche Auge können zwar beide farbiges Licht wahrnehmen und unterscheiden, haben jedoch ganz unterschiedliche Spektralfunktionen.

Ideale Farbmischung

Farbiges Licht kann durch physikalische Addition oder physikalische Subtraktion gemischt werden (siehe Abbildung 2). Das rote, grüne und

Additive Farbmischung

Subtraktive Farbmischung

Abb. 2 Additive und subtraktive Farbmischung

blaue Licht, das die Phosphorteilchen im Bildschirm eines Fernsehers (*cathode ray tube*, CRT) abstrahlen, setzt sich zum Beispiel durch additive Farbmischung zusammen.

Subtraktive Farbmischung tritt ein, wenn Licht aus einer Lichtquelle nacheinander von gefärbten Objekten verändert wird. Farbphotos sind ein Beispiel für idealisierte subtraktive Farbmischung. In diesem Fall entspricht der weiße Papieruntergrund, der das Licht reflektiert, einer Lichtquelle. Die photographischen Farbpartikel in den Farben Cyan, Magenta und Gelb modifizieren dieses Licht. In der Realität ist die Lichtmischung bei photographischen oder Druckfarben jedoch wesentlich komplexer, als es in diesem einfachen Modell erscheinen mag. Die Lichtmischung ist weder vollständig additiv noch vollständig subtraktiv. (Genaueres hierzu erfahren Sie im Abschnitt über Druckercharakterisierung.)

Ein Großteil dieses Buches befaßt sich mit der visuellen Wahrnehmung von Farbe. Wenn wir sichtbares Licht jedoch als objektives und meßbares Phänomen behandeln wollen und nicht als sprachliches, wahrnehmungsbezogenes oder psychologisches Phänomen, müssen wir es mit Hilfe seiner Spektralanteile beschreiben (d.h. mit Hilfe des Betrags an Strahlungsenergie bei allen Wellenlängen des sichtbaren Spektrums). Aus diesem Grund ist die Überschrift dieses Abschnitts mißverständlich: Es gibt in der Physik keine Farbe. Farbe hat nur mit dem Auge und dem Gehirn zu tun, nicht aber mit Physik.

1.2 Verarbeitung von Farbreizen im Auge

Spannweite der Wahrnehmung

Das menschliche Wahrnehmungssystem reagiert in einem enormen Intensitätsbereich auf Licht – von fahlem Sternenlicht bis zu direkter Sonneneinstrahlung. Das Auge paßt sich dieser großen Spannweite an, abhängig von der Gesamteinstrahlung, die auf der Netzhaut auftrifft. Jedes Bildelement, dessen Intensität unter etwa einem Prozent des hellsten Elements liegt, wird als Schwarz wahrgenommen.

Das Farbmischexperiment von Newton

Ein wertvoller Beitrag von Sir Isaac Newton zur Farbwissenschaft ist sein Farbmischexperiment von 1730. Dabei projiziert man das Licht einer Testlampe auf eine weiße Leinwand (siehe Abbildung 3). Ein benachbarter Teil der Leinwand wird durch überlagertes Licht dreier Lampen beleuchtet, die rotes, grünes und blaues Licht abstrahlen (diese drei Lampen werden als Primärlampen bezeichnet). Der Beobachter sieht beide Farbflächen auf der Leinwand. Die Testlampe wird so eingestellt, daß sie

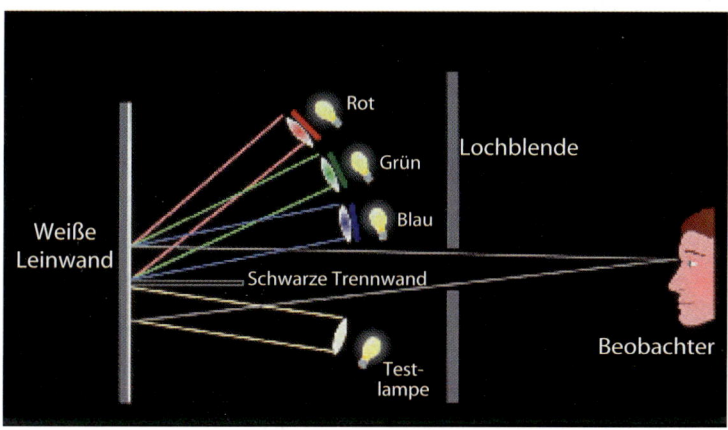

Abb. 3 Das Farbmischexperiment von Sir Isaac Newton

einen zufälligen Farbton auf die Leinwand projiziert. Der Beobachter muß nun die Intensität der roten, grünen und blauen Lampen so einstellen, daß das kombinierte Licht der Primärlampen genau dem zufällig gewählten Licht der Testlampe entspricht.

Newton fand heraus, daß man durch simple Wahl der richtigen Kombination der roten, grünen und blauen Intensität viele, aber nicht alle Testfarben erzeugen kann. Durch einen einfachen Trick lassen sich aber alle möglichen Testfarben produzieren. Dazu fügt man das Licht einer der Primärlampen zur Testfarbe hinzu. Dieses hinzugefügte Licht kann man sich auch als von den anderen beiden Primärlampen subtrahiert vorstellen. Daraus ergibt sich das theoretische Konzept eines negativen Lichtbetrags.

Dieses Experiment liefert das wichtige Ergebnis, daß man mit positiven und negativen Beträgen dreier sorgfältig ausgewählter Primärlampen jede sichtbare Farbe erzeugen kann. Daraus können wir folgern, daß das menschliche Wahrnehmungssystem von drei Werten gesteuert wird (man spricht auch von einer trichromatischen Größe). Daher genügen drei Zahlen zur Beschreibung beliebiger Farben. Da die menschliche Wahrnehmung auf drei Zahlen beruht, müssen Systeme zur Beschreibung von Farbe – meist als Farbmodell oder Farbraum bezeichnet – höchstens dreidimensional sein.

1.3   Systeme zur Beschreibung von Farbe

Farbmodelle auf physikalischer Basis

Einige Farbmodelle beruhen auf einer Sammlung physikalischer Farbmuster, die in einem dreidimensionalen System angeordnet werden, das gut darstellbar und intuitiv verständlich ist. Dazu gehören das bekannte Pantone-System und der Munsell-Farbraum[1]. Letzterer arbeitet mit den Variablen Farbe, Wertigkeit (Helligkeit) und Chroma (Sättigung). Nach den englischen Bezeichnungen *hue*, *value* und *chroma* spricht man auch vom HVC-Farbraum. Die Farben sind so angeordnet, daß eine bestimmte Änderung der HVC-Koordinaten an beliebigen Stellen des Farbraums in der subjektiven Wahrnehmung jeweils gleich starke Änderungen der Farbe zur Folge haben. Farbräume mit dieser Eigenschaft hei-

---

1. A.d.Ü.: In Deutschland sind weitere Farbsysteme üblich, etwa die HKS-Tafeln.

ßen im Englischen *perceptually uniform*, im Deutschen heißen sie empfindungsmäßig gleichabständig. Die Gleichabständigkeit ist eine wichtige Eigenschaft eines Farbraums. Wie wir noch sehen werden, trifft sie für viele Farbräume nicht zu.

Das CIE-System

Das CIE-System (benannt nach der internationalen Beleuchtungskommission *Commission Internationale de l'Éclairage*) ist eine wissenschaftliche Methode, die 1931 für die Definition und Messung von Farben eingeführt wurde. Sie basiert auf einem mathematischen Modell der menschlichen Wahrnehmung. Die subjektiv wahrgenommene Farbe eines Objekts hängt nicht nur von seinen Eigenschaften ab, sondern auch von den Betrachtungsbedingungen und dem Beobachter. Das CIE-System definiert eine Reihe von Standardbeleuchtungen sowie einen Normalbeobachter.

Die wichtigste Normlichtart aus einer Reihe von CIE-Standards heißt D65 und besitzt eine spektrale Energieverteilung, die derjenigen des Tageslichts ähnelt. Das Normlicht D65 entspricht einer Farbtemperatur von 6500 K.

Das CIE-System umfaßt außerdem die Definition eines Normalbeobachters, die auf Messungen mit Personen basiert, die über normale Farbwahrnehmung verfügen. Der CIE-Normalbeobachter wird mit Hilfe einer Empfindlichkeitskurve oder Spektralwertfunktion beschrieben. Diese Funktion wurde experimentell für die Beobachtungswinkel 2° und 10° ermittelt. Dies ergibt den sogenannten 2°- bzw. 10°-Beobachter. Man kann sich das CIE-System als imaginären Scanner vorstellen, der Farbe auf die gleiche Art mißt wie das menschliche Auge.

Als nächstes definierte die CIE drei positive imaginäre Primärfarben mit den Bezeichnungen X, Y und Z. Sie können in verschiedenen Intensitäten miteinander kombiniert werden und liefern dann alle sichtbaren Farben. Wenn man die Farbe eines Objekts mit X, Y und Z definiert, muß man immer die Umgebungsbeleuchtung und den Betrachtungswinkel angeben (z.B. XYZ, D65, 2°). Eine wichtige Anwendung findet das CIEXYZ-System zur Entscheidung der Gleichheit zweier Farben. Wenn zwei einzelne Farben unter gleichen Beleuchtungsbedingungen die gleichen XYZ-Werte haben, stimmen sie überein.

Da sich die wahrgenommene Farbe eines Objekts nicht direkt aus den trichromatischen CIEXYZ-Werten ableiten läßt, legte die CIE eine Reihe von Chromatizitätskoordinaten fest, die mathematisch aus X, Y und Z bestimmt werden. Mit zwei der Koordinaten (x und y) kann man die Chromatizität einer Farbe spezifizieren. Um eine Farbe jedoch vollständig festzulegen, ist zusätzlich die Angabe der Helligkeit nötig. Die entsprechende Dimension wird durch den trichromatischen Wert Y beschrieben und verläuft senkrecht zur x,y-Ebene. Stellt man die x,y-Koordinaten zweidimensional dar, so erhält man die bekannte CIE-Normfarbtafel. Nach seiner Form wird dieses Diagramm oft auch als Hufeisen oder Schuhsohle bezeichnet (siehe Abbildung 4).

Die Spektralfarben befinden sich auf dem Rand der Normfarbtafel; im Inneren liegen auf einer gekrümmten Linie die Weißpunkte verschiedener Farbtemperaturen. Zwischen den Weißpunkten und dem Rand sind die Farben mit zunehmender Sättigung angeordnet.

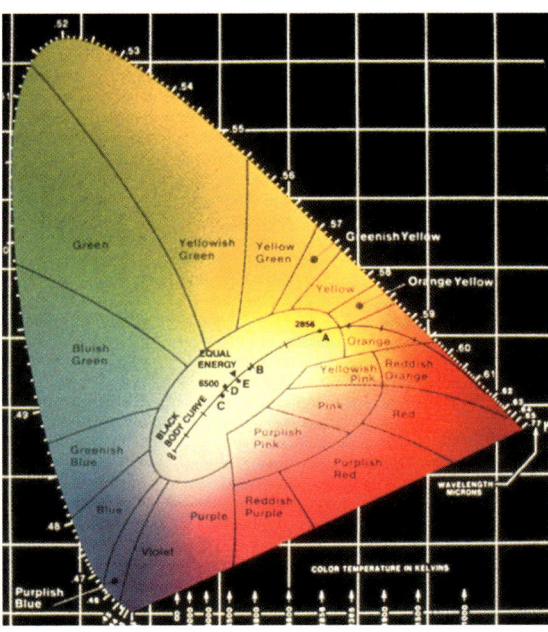

Abb. 4 Die Normfarbtafel gemäß CIE 1931. Die Grenzen der Farbbereiche stammen aus der überarbeiteten Kelly-Tafel

Die Normfarbtafel aus Abbildung 4 hat einen großen Nachteil, der sich bei der Spezifikation von Farbabweichungen auswirkt: sie ist nicht empfindungsmäßig gleichabständig. Das heißt, daß im Diagramm der Abstand zweier Farben, die eine bestimmte Farbdifferenz im Munsell-Diagramm besitzen, nicht mit dem Abstand eines anderen Farbpaars übereinstimmt, das die gleiche Munsell-Differenz aufweist.

Seit der Veröffentlichung des ersten CIE-Standards 1931 gab es verschiedene Versuche, die Gleichabständigkeit durch Anwendung linearer und nichtlinearer Transformationen auf das x,y-Diagramm zu erreichen. Das kann man sich etwa so vorstellen wie verschiedene Alternativen zur Mercatorprojektion. Sie bewirken unterschiedliche Verzerrungen geographischer Karten, die nicht so störend für das Auge sind. Obwohl keiner dieser Versuche komplett erfolgreich war, finden zwei dieser Transformationen heute breite Verwendung. Sie werden als L*a*b* (oder CIELAB) bzw. L*u*v* (oder CIELUV) bezeichnet. Die beiden Farbräume CIELAB und CIELUV stellen nichtlineare Transformationen des Farbraums CIE XYZ 1931 dar und sind bezüglich der Farbabstände gleichmäßiger als das XYZ-System. Die CIELUV-Spezifikation kommt meist bei Anwendungen mit selbstleuchtenden Quellen (etwa Fernsehmonitoren) zum Einsatz, während das CIELAB-System in der Druckindustrie verbreitet ist.

Farbabstand

Ein gleichabständiger Farbraums hat unter anderem den Vorteil, daß man ihn als Grundlage für die Messung von Farbabständen verwenden kann. Man kann den Abstand zweier beliebiger Farben, die durch Punkte in einem dreidimensionalen Farbraum dargestellt werden, als den euklidischen Abstand der beiden Punkte definieren. Diese Größe heißt ΔE. Da der CIELAB-Farbraum annähernd gleichabständig ist, beschreibt ein bestimmter Wert von ΔE an jeder Stelle im CIELAB-Farbraum den gleichen subjektiv wahrgenommenen Farbabstand.

Metamerie

Aus der spektralen Energieverteilung einer Lichtquelle und den spektralen Reflexionseigenschaften eines Objekts lassen sich die trichromatischen Werte (CIEXYZ-Werte) berechnen, die die wahrgenommene Farbe des Objekts beschreiben. Dennoch kann es passieren, daß ein anderes physikalisches Objekt (also eines mit einer anderen spektralen Reflexionskurve) die gleichen XYZ-Werte liefert (also gleich aussieht), wenn man es bei gleicher Beleuchtung betrachtet. Bei unterschiedlicher Beleuchtung müssen die beiden Objekte dagegen nicht mehr übereinstimmen (d.h., sie haben unterschiedliche XYZ-Werte). Zwei Objekte mit unterschiedlichen spektralen Reflexionskurven, die bei einer bestimmten Beleuchtung gleich aussehen, werden als metameres Paar bezeichnet. Daraus folgt, daß zwei Objekte, die unter allen Beleuchtungsbedingungen gleich aussehen, identische spektrale Reflexionskurven haben müssen. Das bedeutet wiederum, daß sie die gleichen Farbstoffe enthalten müssen.

Metamerie ist eine direkte Folge der Trichromatizität der menschlichen Wahrnehmung. Es handelt sich dabei um eine Auswirkung des Informationsverlustes, der bei der Transformation einer spektralen Beschreibung des Lichts in die drei Zahlen auftritt, mit denen die wahrgenommene Farbe beschrieben wird. Es gibt zwar unendlich viele unterschiedliche spektrale Energieverteilungen, aber nur einige Millionen verschiedene sichtbare Farben.

Metamerie verursacht zwar manchmal Probleme bei der Farbabstimmung unter verschiedenen Beleuchtungsbedingungen, doch ohne dieses Phänomen wäre es erheblich teurer, ein Farbbild auf einem Fernsehschirm oder einer Druckerpresse zu reproduzieren. Um eine natürliche Farbe auf einem Fernsehschirm darzustellen, muß man nicht mit der gleichen spektralen Energieverteilung arbeiten, sondern nur die richtige Kombination dreier Primärfarben finden, die die gleiche Farbe bewirken. Aus diesem Grund benötigen die Farbröhren von Fernsehern nur drei Phosphorarten (Rot, Grün und Blau) und photographische Farbabzüge nur drei Farbstoffe (Cyan, Magenta und Gelb).

1.4 Farbmessung

Grundlagen

Das Auge kann zwar Farbunterschiede sehr genau wahrnehmen, doch für präzise Messungen braucht man im allgemeinen ein wissenschaftliches Gerät. Die Wahl eines geeigneten Farbmeßgeräts hängt sowohl von der Art der benötigten Informationen ab (spektral, kolorimetrisch oder densitometrisch) als auch von der Art des gemessenen Objekts oder der Lichtquelle (spiegelnd, durchlässig oder selbstleuchtend). Es gibt viele verschiedene Modelle von Farbmeßgeräten, und man muß sich der Tatsache bewußt sein, daß es keinen absoluten Standard gibt – zwei Geräte verschiedener Hersteller können bei der Messung des gleichen Objekts erheblich voneinander abweichende Werte liefern. Trotz dieser möglichen Abweichungen sind Farbmeßgeräte hinreichend vereinheitlicht, um in der Praxis sehr nützlich zu sein. Sie finden in der Druckindustrie weite Verwendung.

Bei der Spezifikation einer Farbmessung ist es wichtig, neben den Maßeinheiten (z.B. XYZ oder CIELAB) die Umgebungsbeleuchtung (D65, D50 usw.), den Betrachtungswinkel (meist entweder 2° oder 10°) sowie die Meßgeometrie (meist 0°/45°) anzugeben.

Damit die wahrgenommene Farbe eines Objekts seinem CIE-Farbwert entspricht, sollte es getrennt von anderen farbigen Objekten vor neutralem grauem Hintergrund betrachtet werden. Zu diesem Zweck sind kommerzielle Beleuchtungskammern erhältlich. Man sollte jedoch immer daran denken, daß das CIE-System zwar sehr nützlich für die Angabe der Übereinstimmung zweier isolierter Farben unter streng kontrollierten Betrachtungsbedingungen ist, die meisten realen Szenen und Bilder aber nicht diesen idealisierten Betrachtungsbedingungen entsprechen (siehe auch den Abschnitt über Farbwahrnehmung am Ende dieses Kapitels).

Kolorimeter

Ein Kolorimeter oder Dreibereichs-Farbmeßgerät mißt die trichromatischen Werte einer Farbe mit einer Spektralfunktion, die der des menschlichen Auges entspricht. Die meisten kommerziellen Kolorimeter ermöglichen das direkte Ablesen in mehreren Farbräumen (etwa CIEXYZ, CIELAB und ΔE) und liefern trichromatische Werte, die sich auf jede gewünschte CIE-Standardbeleuchtung beziehen.

Spektralphotometer

Ein Spektralphotometer oder Spektrometer ist ein Gerät zur Messung der spektralen Reflexion bzw. Durchlässigkeit eines Objekts, während ein Spektralradiometer die spektrale Energieverteilung einer Lichtquelle mißt. In der Druckindustrie werden kolorimetrische Daten meist für die Charakterisierung und Kalibrierung von Geräten benötigt.

Densitometer

Ein Densitometer ist ein Gerät zur Messung der Durchlässigkeit eines durchsichtigen Farbstoffs. Die Dichte ist eine logarithmische Funktion des reflektierten oder hindurchgelassenen Lichts.

Zwischen der von einer Lichtquelle emittierten Intensität und der vom menschlichen Auge wahrgenommenen Helligkeit besteht ein nicht-linearer Zusammenhang. Ein Graustufenverlauf, dessen Dichte linear zunimmt, wird vom Auge als annähernd linear dunkler werdend empfunden.

Densitometer sind wesentlich billiger als Kolorimeter oder Spektralphotometer und werden daher häufiger zur Druckerkalibrierung benutzt (siehe Kapitel 3).

1.5   Die Wahrnehmung von Farbe

Die trichromatischen XYZ-Werte eines Objekts entsprechen nur unter sorgfältig kontrollierten Betrachtungsbedingungen der wahrgenommenen Farbe des Objekts. Die Bestimmung eines mathematischen Systems zur Beschreibung der in realen Szenen wahrgenommenen Farben ist wesentlich komplexer und noch nicht vollständig erforscht. Die nachfolgend beschriebenen Phänomene beeinflussen die Farbwahrnehmung bei komplizierten Szenen.

Chromatische Adaption

Als chromatische Adaption oder auch Farbkonstanz bezeichnet man den Effekt, daß wir die gleiche farbige Szene unabhängig von der Farbtemperatur des Umgebungslichts wahrnehmen. Dieses visuelle Phänomen ist uns so vertraut, daß wir es kaum noch bemerken. Wenn wir ein Objekt aus einem Innenraum ins Tageslicht bewegen, scheint sich seine Farbe nicht zu ändern. Nehmen wir jedoch das gleiche Objekt mit einer Video- oder Filmkamera unter denselben beiden Beleuchtungsbedingungen auf, so unterscheiden sich die Aufnahmen sehr stark. Damit die Bilder die gleiche Farbabstimmung haben, muß mit der Kamera für jede Umgebungsbeleuchtung ein Weißabgleich durchgeführt werden. Der menschliche Wahrnehmungsapparat verfügt über die bemerkenswerte Fähigkeit, automatisch und sofort einen Weißabgleich durchzuführen.

Wie wir später noch sehen werden, spielt chromatische Adaption in der Druckindustrie beim Farbvergleich eine wichtige Rolle. Obwohl das Auge Bildschirm und Papier als weiß empfindet, können sich deren Weißpunkte stark unterscheiden. Nebeneinander betrachtet, erscheint das Weiß des Monitors sehr blau im Vergleich zum Weiß des Papiers. Entsprechend erscheint die Farbe eines Pixels, das unter einer Glühlampe von einem Diafilm eingescannt wurde, ganz anders als ein Pixel mit den gleichen XYZ-Werten, das bei Tageslicht auf Druckpapier betrachtet wird.

Simultankontrast

Als Simultankontrast bezeichnet man die Tatsache, daß unsere Farbwahrnehmung sehr stark durch benachbarte Farben der Szene und die Hintergrundfarben beeinflußt wird. In Abbildung 5 sind zum Beispiel die Kreuze auf beiden Seiten des Diagramms kolorimetrisch identisch.

Sukzessiver Kontrast

Der sukzessive Kontrast beschreibt das Phänomen, daß die Anpassung des Auges an eine wahrgenommene Farbe die unmittelbar danach wahrgenommene Farbe beeinflußt. Wenn wir einige Sekunden lang auf einen farbigen Fleck auf weißem Papier starren und gleich danach unbedrucktes Papier betrachten, sehen wir ein Nachbild in der Komplementärfarbe des ursprünglichen Farbflecks. Der sukzessive Kontrast kann bei der Modellierung der Farbwahrnehmung einer komplexen Szene eine wichtige Rolle spielen. Das Auge tastet ein Bild beim Betrachten kontinuierlich mit sakkadischen (schnellen, ruckartigen) Bewegungen ab. Jedesmal, wenn das Auge eine neue Farbe im Bild erblickt, sieht es auch ein Nachbild der vorher betrachteten Farbe, das vom Wahrnehmungsapparat mit der neuen Farbe vermischt wird.

Farbgedächtnis

Wird ein bekanntes Objekt in einer Szene abgebildet, ändert sich die Farbe, mit der es wahrgenommen wird, oft in Richtung derjenigen Farbe, in der wir das Objekt früher schon einmal gesehen haben. Dazu gehören grünes Gras, blauer Himmel und Hauttöne. Diese Farben sind bei der Reproduktion eines Farbbildes am wichtigsten. Werden sie als korrekt empfunden, tendieren wir dazu, die Farbbalance im ganzen Bild als korrekt zu akzeptieren – unabhängig von der Genauigkeit der anderen Farben der Szene. Andersherum stufen wir das ganze Bild unabhängig von der Farbgenauigkeit der restlichen Objekte als schlechte Reproduktion ein, wenn zum Beispiel die Hauttöne ungenau getroffen sind.

Schlußfolgerungen

Trotz der Komplexität von Modellen, die die Farbwahrnehmung in realen Szenen beschreiben, und der Einschränkungen des CIE-Systems hin-

Abb. 5 Simultankontrast

sichtlich der Farbwahrnehmung kann man es für viele Anwendungen der Farbkalibrierung in Farbreproduktionssystemen einsetzen. Da das Ziel der Farbkalibrierung oft darin besteht, ein reproduziertes Bild mit dem Original in Einklang zu bringen, heben sich viele der oben genannten Faktoren, die die Farbwahrnehmung beeinflussen, gegenseitig auf. Die Auswirkungen von sukzessivem Kontrast und Simultankontrast sind beim reproduzierten Bild und beim Original annähernd gleich. Soll allerdings stattdessen die Farbe eines Bekleidungsstücks in einem Bild an einen Pantone-Farbton angepaßt werden, so wirken sich die obigen Wahrnehmungsphänomene sehr stark aus. In solchen Fällen hilft das CIE-System nicht weiter.

2 Computer und Farbe

2.1 Farbräume

Computerprogramme brauchen ein numerisches System, um Farbinformationen zu Text, Graphiken und Bildern darzustellen, zu speichern und weiterzuleiten. Solche Systeme werden als Farbräume bezeichnet. Sie umfassen alle Farben, die der Software zur Verfügung stehen. Computerfarbräume basieren traditionell auf den physikalischen Abläufen innerhalb eines trichromatischen Geräts (Scanner, Monitor oder Drucker). Aus diesem Grund sind die meisten Computerfarbräume dreidimensional, und jedes Pixel eines digitalen Bildes kann durch drei Zahlen dargestellt werden. Die Beziehung der drei Achsen eines Farbraums läßt sich durch eine graphische Darstellung illustrieren. Unterschiedliche Farbräume bieten zwar Vorteile für unterschiedliche Anwendungen, erschweren aber die Standardisierung, um mit verschiedenen Ein- und Ausgabegeräten farbverbindlich zu arbeiten (siehe hierzu auch den letzten Abschnitt dieses Kapitels).

Geräteabhängige Farbe

Alle farbfähigen Ausgabegeräte besitzen einen eigenen Farbraum, der von ihrer physikalischen Funktionsweise abhängt. Die Kathodenstrahlröhren von Fernsehern, Computerbildschirmen und manchen Filmrekordern erzeugen ein Farbbild mit Hilfe roter, grüner und blauer Phosphorpartikel. (Wie wir im vorigen Kapitel gesehen haben, kann man viele sichtbare Farben durch Mischen dreier Primärfarben erzeugen.) Der RGB-Farbraum mit den drei Achsen Rot, Grün und Blau eignet sich daher am besten für die Beschreibung und Steuerung der mit einer Kathodenstrahlröhre erzeugten Farben. Entsprechend ist RGB auch der natürliche Farbraum für Scanner und Videokameras, die das Licht mit roten, grünen und blauen Filtern in trichromatische RGB-Werte separieren. Farbdrucker und photographische Medien benutzen zur Erzeugung von Farbe Farbpartikel in den Grundfarben Cyan, Magenta, Gelb (*yellow*) und manchmal Schwarz. Daher ist CMY(K) der natürliche Farbraum solcher Geräte. Die Farbtöne der reinen (ungemischten) roten, grünen und blauen Phosphorpartikel (bei einem Monitor) bzw. der reinen cyanfarbenen, magentafarbenen und gelben Druckfarbe (bei einem Drucker) werden manchmal als Primärfarben bezeichnet.

Der für Monitore und Scanner benutzte RGB-Farbraum heißt additiv, weil Kombinationen der drei Primärfarben zu Schwarz hinzugefügt werden, um Farben zu erzeugen. Der CMY-Farbraum von Druckern heißt dagegen subtraktiv, weil Kombinationen der drei Sekundärfarben dazu dienen, Spektralkomponenten aus dem weißen Licht zu absorbieren oder zu subtrahieren, um Farbe zu erzeugen. Im Idealfall absorbiert die schwarze Druckfarbe (K) gleiche Beträge aller Komponenten des Lichts. (Wir werden die Rolle der schwarzen Druckfarbe im Druckprozeß im nächsten Kapitel genauer untersuchen.)

Die Farbräume RGB und CMY(K) werden als geräteabhängig bezeichnet, weil zum Beispiel die auf einem Monitor bei einem bestimmten RGB-Signal erzeugten Farben nicht nur von dem RGB-Signal selbst abhängen, sondern auch von der Art der Phosphorpartikel, die in der Kathodenstrahlröhre benutzt werden. Entsprechend hängt das von einem Scanner erzeugte Signal nicht nur von der spektralen Remission des eingescannten Objekts ab, sondern auch von der Lichtquelle des Scanners und seinen Farbfiltern. Die von einem Drucker erzeugte Farbe schließlich hängt von der Zusammensetzung der Druckfarben und der Art des beim Druck benutzten Papiers ab. Ein bestimmter CMY-Pixelwert kann bei der Ausgabe auf zwei verschiedenen Druckern völlig unterschiedliche Farben liefern. Gerätefarbwerte entsprechen direkt der Menge der Farbpartikel. Aus den RGB- oder CMY-Werten eines Pixels

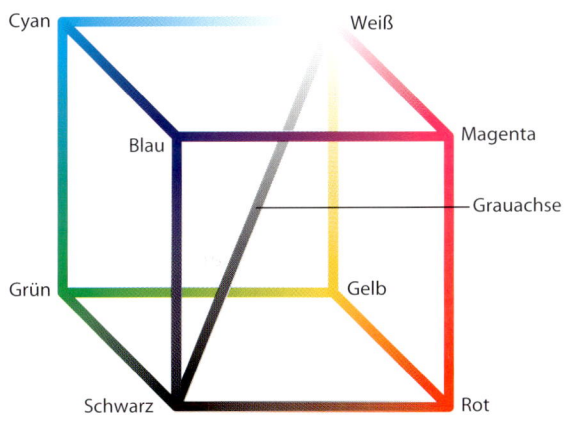

Abb. 6 Der RGB-Farbraum

kann man nicht schließen, wie das Pixel nach der Ausgabe auf einem beliebigen Gerät aussieht.

Der RGB-Farbraum einer Kathodenstrahlröhre läßt sich zum Beispiel so wie in Abbildung 6 graphisch darstellen. Jede mit der Röhre erzeugbare Farbe liegt im Inneren des Farbwürfels. Die Farben innerhalb des Würfels stellen daher den *Gamut* dar, also den Umfang der auf diesem Gerät darstellbaren Farben. Umgekehrt können Farben außerhalb des Würfels nicht mit der Röhre dargestellt werden, sie liegen also außerhalb ihres Gamuts. Die Diagonale zwischen Weiß und Schwarz durchläuft die grauen (neutralen) Farben, bei denen die roten, grünen und blauen Anteile jeweils den gleichen Wert haben.

Ein anderer Nachteil der geräteabhängigen RGB- und CMY(K)-Farbräume besteht darin, daß sie sich nicht für die intuitive visuelle Bearbeitung von Farben eignen. Die meisten Leute können zum Beispiel nicht sagen, wie man die Beträge von Rot, Grün oder Blau verändern muß, um eine bestimmte Farbänderung eines Bildes zu bewirken. Das Scanner-Fachpersonal der Druckvorstufe muß jahrelang trainieren, um die Auswirkungen vorhersagen zu können, die das Hinzufügen von 10 Prozent Magenta im Mittelbereich eines Bildes auf die Hauttöne hat.

Geräteunabhängige Farbe

Aus dem bisher Gesagten geht hervor, daß ein trichromatischer Wert in einem Gerätefarbraum Farbe nicht exakt beschreibt. Mit anderen Worten: RGB- oder CMY-Werte sind kein eindeutiges Maß für Farbe. Das ist ein ernstes Problem, wenn man Bilder farbgenau von einem Gerät oder Medium zu einem anderen übertragen muß. Man braucht dazu einen standardisierten Farbraum, der die Spezifikation von Farbe unabhängig vom Gerät beschreibt, mit dem die Farbe eingelesen oder reproduziert wird. Das im ersten Kapitel vorgestellte CIE-System bildet die Grundlage für einen solchen geräteunabhängigen Farbraum.

Wie wir gesehen haben, stellt der Farbraum CIEXYZ die Grundlage aller CIE-Farbräume dar. Aus diesem Grund basieren auch alle heutzutage benutzten geräteunabhängigen Farbräume darauf. Da der Farbraum CIEXYZ auf einem mathematischen Modell der menschlichen Wahrnehmung beruht, umfaßt sein Gamut definitionsgemäß alle sichtbaren Farben. Jede sichtbare Farbe läßt sich also durch drei positive Zahlen X, Y und Z darstellen. Wie bereits erwähnt, besteht der Hauptnachteil des Farbraums CIEXYZ jedoch darin, daß er nicht gleichabständig ist.

Der Farbraum CIELAB ist dagegen gleichabständig. Die a,b-Ebene stellt den Farbton unabhängig von seiner Helligkeit dar. Die a-Achse beschreibt den Übergang von Grün nach Rot, die b-Achse den Übergang von Blau zu Gelb. Ein Pixelwert, der im XYZ- oder CIELAB-Farbraum definiert ist, stellt eine objektive Beschreibung der Farbe dieses Pixels unabhängig von der benutzten Graphikhardware dar. Aufgrund seiner Gleichabständigkeit und intuitiven Handhabung in der Farbbearbeitung ist CIELAB in der Druckbranche sehr beliebt.

Eine spezielle Variante des CIELAB-Farbraums eignet sich besonders zur intuitiven, visuell orientierten Farbkorrektur. Dieser LCH genannte Farbraum arbeitet mit den Kenngrößen Helligkeit *(luminance)*, Sättigung bzw. Buntheit *(chromaticity)* und Farbton *(hue)*. Die vertikale Achse stellt die Helligkeit der Farbe dar und erstreckt sich von Schwarz an der unteren Spitze des Farbkörpers bis Weiß an der oberen Spitze. Die neutralen oder achromatischen Farben liegen auf dieser vertikalen Achse. Die chromatischen Komponenten des Farbraums (also Farbton und Sättigung) sind in jeder horizontalen Ebene konstant. Der Farbton ändert sich, wenn man sich um die vertikale Achse bewegt. Die Sättigung steigt

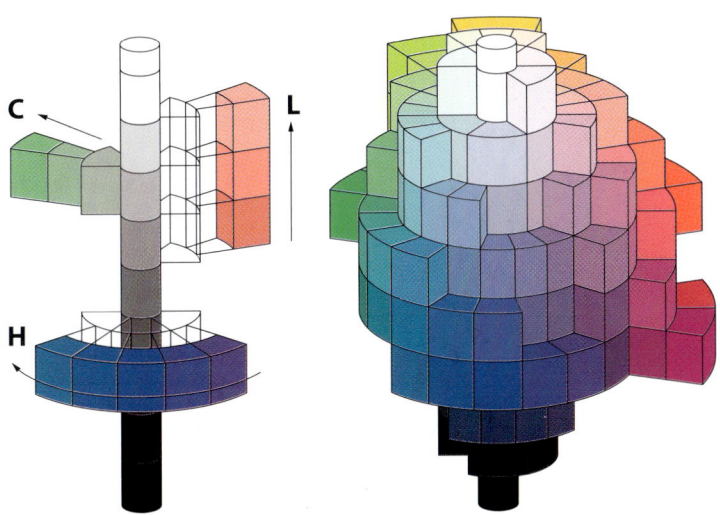

Abb. 7 Der LCH-Farbraum

mit der Entfernung von der vertikalen Achse. Farben, die in einem Farbkreis einander gegenüber liegen, werden als Komplementärfarben bezeichnet.

Der Einsatz eines kommerziellen Farbsystems auf Basis physikalischer Farbproben ist eine Alternative zur geräteunabhängigen Spezifikation von Farbe. Das Pantone-System wird häufig zur Angabe von Schmuckfarben für graphische Elemente benutzt; das SWOP-System (*Specifications Web Offset Publications*) oder die Euroskala dienen in der Druckindustrie als Referenz zwischen gedruckten Farben und CMYK-Prozentangaben.

Dichteumfang

Der Dichteumfang (auch Dynamikumfang) beschreibt, wieviel Zwischenstufen zwischen den maximalen und minimalen Dichtewerten eines Bildes dargestellt werden können. Im Zusammenhang mit physikalischen Medien entspricht dies der Differenz des größten und kleinsten Dichtewerts (D_{max}–D_{min}). Der Dichteumfang eines Dias beträgt zum Beispiel 3,0-3,5; der Dichteumfang eines gedruckten Farbbildes liegt bei 1,5-2,0.

Im Zusammenhang mit der Farbauflösung eines digitalisierten Bildes (also der Anzahl der Bits pro Pixel) ist der Dichteumfang als Zehnerlogarithmus der Anzahl möglicher Graustufen definiert. Die meisten Desktop-Systeme digitalisieren und speichern Farbbilder mit 24 Bit pro Pixel (das entspricht 2^8=256 Abstufungen pro Farbe). Der Dichteumfang eines Bildes mit 24 Bit pro Pixel beträgt $\log_{10}256$=2,4 und ist damit geringer als der eines Dias (siehe Abbildung 8).

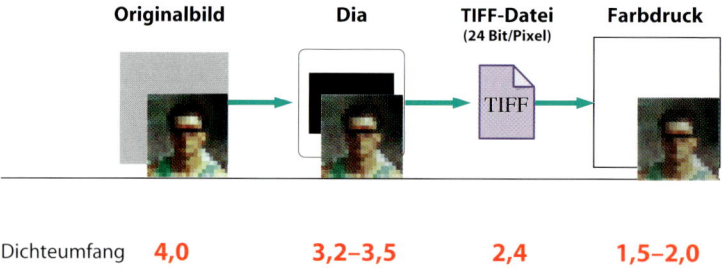

Abb. 8 Verringerung des Dichteumfangs beim Übergang vom Original zu einem gedruckten Farbbild

2.2 Farbbildbearbeitung

Veränderung des Tonumfangs

Die exakte Wiedergabe eines Farbtons ist das wichtigste Ziel guter Farbreproduktion. Durch eine Veränderung des Tonumfangs will man erreichen, daß die neutralen Töne eines Bildes auch wirklich grau erscheinen (ohne Farbstich) und daß die Töne gleichmäßig über den gesamten verfügbaren Tonumfang verteilt sind. Die Anpassung an den Tonumfang erreicht man gewöhnlich über eine Tabelle, die als Tonwertkurve bezeichnet wird (siehe Abbildung 9). Alle Operationen zur Bearbeitung der Helligkeitskomponente der Farbbalance eines Bildes – dazu gehören Transformation von Weiß- und Schwarzpunkt sowie Anpassung von Kontrast, Helligkeit und Gamma (dieser Begriff wird in Kapitel 3 noch genauer erläutert) – können mit Hilfe einer Tonwertkurve durchgeführt werden. Die für die Farbreproduktion optimale Kompression des Tonumfangs hängt von der Verteilung der Töne im Originalbild und dem Dichteumfang des Ausgabegeräts ab.

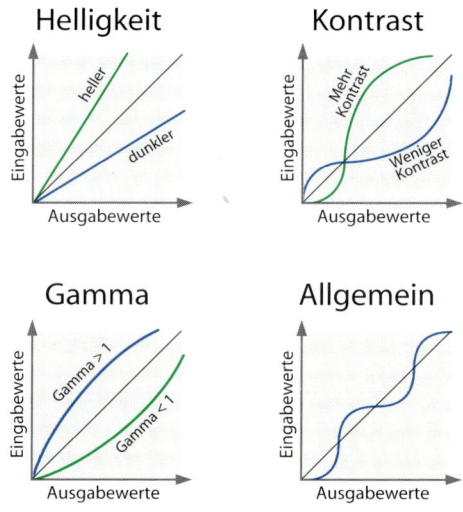

Abb. 9 Variablen bei der Reproduktion von Farbtönen

Farbkorrektur

Unter Farbkorrektur versteht man die Veränderung der chromatischen Komponente eines Bildes mit dem Ziel, eine subjektive Veränderung der gesamten Farbbalance zu erreichen. Die visuelle Bearbeitung der Farbbalance erfolgt am einfachsten in einem Farbraum wie LCH, in dem die chromatischen Komponenten (Farbton und Sättigung) leicht geändert werden können, ohne die achromatische Komponente (Helligkeit) zu beeinflussen. Farbkorrekturen können global oder lokal ausgeführt werden (d.h. im gesamten Bild oder nur in einem bestimmten Teil).

2.3   Farbraumtransformationen

Jeder Farbraum läßt sich durch eine Reihe linearer oder nichtlinearer mathematischer Operationen von seinem eigenen Koordinatensystem in das eines anderen Farbraums überführen. Lineare Farbraumtransformationen erfolgen gewöhnlich mit Hilfe einer 3×3-Matrix, d.h., die drei Koordinaten werden durch eine lineare Funktion in die neuen Koordinaten überführt. Verschiebung, Drehung und Kontraktion/Expansion von Punkten sind typische lineare Transformationen in einem Farbraum. Da Operationen mit 3×3-Matrizen einfach sind und schnell berechnet werden können, arbeitet man bevorzugt mit näherungsweise linearen Farbraumtransformationen. Die Umwandlung zwischen XYZ und dem RGB-Farbraum eines Monitors wird zum Beispiel oft durch eine lineare Transformation approximiert.

Bei hochgradig nichtlinearen Transformationen, etwa der Umwandlung von CIEXYZ nach CIELAB oder von RGB nach CMYK, benutzt man statt einer Matrix höherer Ordnung meist eine dreidimensionale Tabelle (3D-*lookup table* oder *render table*) für die Farbraumtransformation. Bei nichtlinearen Transformationen gibt es keine geschlossen darstellbare Operation zur Umrechnung von Koordinaten eines Farbraums in die Koordinaten eines anderen. Werte, die in der Tabelle fehlen, werden interpoliert.

Farbraumtransformationen kann man zu folgenden Zwecken benutzen:

• Konvertierung aus einem Gerätefarbraum in einen anderen (auch als paarweise Kalibrierung bezeichnet). Beispiel: die Konvertierung aus dem RGB-Farbraum eines Monitors in den CMYK-Farbraum eines Druckers (auch Separation genannt).

- Konvertierung zwischen einem Gerätefarbraum und einem geräteunabhängigen Farbraum. Der RGB-Farbraum eines NTSC-Phosphormonitors läßt sich zum Beispiel mittels einer linearen 3×3-Matrixoperation nach CIEXYZ konvertieren.
- Konvertierung zwischen zwei CIE-Farbräumen, zum Beispiel Umwandlung von CIEXYZ nach CIELAB.

Als es noch keine Softwaresysteme zur digitalen Farbseparation gab, führten elektronische Systeme der Druckvorstufe die Farbseparation zwischen Scanner und Filmrekorder mit analogen Daten durch. Dadurch wurden Rundungsfehler vermieden, die bei der Transformation digitaler Farbwerte unvermeidlich sind. Bei heutigen digitalen Desktop-Bildsystemen verliert das Bild jedoch häufig an Genauigkeit bei der Transformation aus einem 8-Bit-Farbraum in einen anderen. Solche Konvertierungsfehler haben zur Folge, daß man ein Bild normalerweise nicht aus einem Farbraum in einen anderen und anschließend zurück in den ursprünglichen Farb-raum konvertieren kann, ohne die Farben aufgrund von Rundungsfehlern zu verändern. Müssen mehrere Farbraumtransformationen auf ein Bild angewandt werden, so kann man die Auswirkungen von Rundungsfehlern minimieren, indem man die einzelnen Transformationen vor der Anwendung auf die Bilddaten konkateniert.

2.4   Exakte Wiedergabe von Farbe

Probleme bei der Farbwiedergabe

Beim Einsatz von Systemen zur elektronischen Bildbearbeitung sollte in jedem Abschnitt der Produktionskette eine Übereinstimmung von Originalbild und reproduziertem Bild erzielt werden, also vom Scanner über den Bildschirm bis zur Ausgabe.

Theoretisch sollte dieses Ziel am einfachsten zu erreichen sein, wenn sowohl das Originalbild als auch die Reproduktion das gleiche Medium benutzen (z.B. ein Kleinbilddia) und bei identischer Beleuchtung betrachtet werden. Doch nicht einmal dieses Ziel ist leicht zu erreichen. Wenn wir ein Kleinbilddia mit einem der gebräuchlichen Desktop-Diascanner digitalisieren, erhalten wir eine Bilddatei, in der jedes Pixel durch eine 24-Bit-Zahl dargestellt wird (je 8 Bit für die rote, grüne und blaue Komponente). Geben wir diese RGB-Bilddatei nun unverändert auf einem Filmrekorder – also einem RGB-Gerät – aus, so wird das erzeugte Dia mit ziemlicher Sicherheit nicht dem Original entsprechen. Warum? Wie wir gesehen haben, sind weder RGB noch CMYK kalibrierte Farbmaße. Der RGB-Farbraum des Diascanners muß demnach in den RGB-Farbraum des Filmrekorders transformiert werden.

Farbumfang und Gamut Mapping

In der Praxis wird das Problem der exakten Farbreproduktion häufig dadurch erschwert, daß man es mit verschiedenen Arten von Medien zu tun hat, z.B. einem Monitor und gedruckter Ausgabe oder einem gescannten Kleinbilddia und einem Vierfarbdruck. Jedes farbfähige Medium oder Gerät zur Farbreproduktion – Film, bedruckte Seite, Farbmonitor – hat einen anderen Gamut, also einen anderen Bereich darstellbarer Farben. Man kann den Gamut eines Ausgabegeräts oder Mediums graphisch darstellen, indem man die Chromatizität der im Reproduktionsprozeß benutzten Primärfarben in eine Normfarbtafel einträgt. (Der Gamut des menschlichen Auges entspricht laut Definition der gesamten Normfarbtafel.) Dabei stellt sich die Frage, was zum Beispiel beim Ausdruck eines am Computerbildschirm angezeigten Bildes mit den Farben passiert, die zwar der Monitor, nicht aber der Drucker erzeugen kann?

Da verschiedene physikalische Geräte und Medien unterschiedliche Farbumfänge haben, kommt es oft vor, daß man es auf einem Medium oder Gerät mit Farben zu tun hat, die auf einem anderen nicht darstellbar sind. Solche außerhalb des Gamuts liegenden Farben können unabhängig von der benutzten Farbtransformation nicht exakt reproduziert werden. Die Transformation solcher Farben in den Gamut des Ausgabegeräts oder -mediums ohne Verzerrung des Gesamteindrucks des Bildes wird als *Gamut Mapping* bezeichnet. Der Vorgang wird im nächsten Kapitel ausführlich behandelt.

Lösungsansatz

Die Lösung des Farbwiedergabeproblems besteht darin, die Farbräume aller beteiligten Geräte des Systems auf einen gemeinsamen geräteunabhängigen Farbraum, einen sogenannten Referenzfarbraum, zu beziehen (siehe Abbildung 10). Zur Übersetzung zwischen den geräteabhängigen Farbräumen der beteiligten Geräte und dem Referenzfarbraum braucht

Geräteunabhängige Farbe

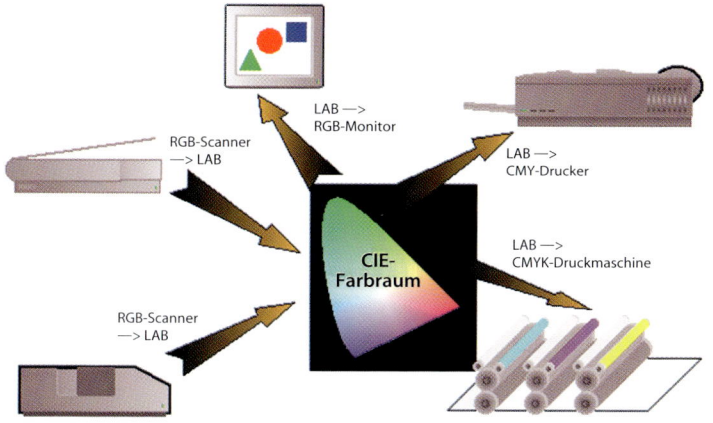

Abb. 10 Geräteunabhängige Farbe

man sogenannte Farbprofile. Das Anlegen eines Farbprofils wird als Gerätecharakterisierung bezeichnet. Wir werden diesen Vorgang im nächsten Kapitel näher betrachten. In Kapitel 4 werden wir sehen, wie solche Farbprofile in der Software zum Scannen und für den digitalen Proof eingesetzt werden.

In der Druckindustrie ist die Kalibrierung von Farbdrucken bezüglich gescannter Originale seit Jahrzehnten üblich, ohne daß geräteunabhängige Farbräume nötig gewesen wären. Bis 1988 war die elektronische Farbbildverarbeitung exklusiv einer kleinen Zahl von Herstellern hochwertiger CEPS-Anlagen *(Color Electronic Prepress System)* vorbehalten. Diese Systeme enthielten alle Komponenten zur Bildverarbeitung (Scanner, Monitor, Filmrekorder) und konnten bereits beim Hersteller kalibriert werden. Da im System immer die gleichen Komponenten zum Einsatz kamen, konnten feste Farbtransformationen zur Umrechnung zwischen den RGB-Daten des Scanners und den CMYK-Ausgabegeräten entwickelt werden. Eine solche Konstellation heißt paarweise Kalibrierung.

Mit dem Aufkommen von Desktop-Systemen zur Bildverarbeitung und der zugehörigen Flut bildgebender Geräte war dieser Ansatz nicht mehr durchführbar, da für jede Kombination von Ein- und Ausgabegerät eine andere Farbraumtransformation nötig wäre. Für n Eingabegeräte und m Ausgabegeräte benötigt man $n \times m$ verschiedene Transformationen. Wenn wir dagegen jedes Gerät auf einen gemeinsamen Farbraum beziehen, vermindert sich die Anzahl der Transformationen auf n Eingabetransformationen (je eine zur Umrechnung zwischen jedem Eingabegerät und dem Referenzfarbraum) und m Ausgabetransformationen (je eine zur Umrechnung zwischen dem Referenzfarbraum und jedem Ausgabegerät). Insgesamt sind also nur $n + m$ Transformationen erforderlich. Da es sich bei n und m um große Zahlen handelt, ist dieser Wert wesentlich geringer als die $n \times m$ Transformationen, die bei paarweiser Kalibrierung nötig sind.

2.5   Welcher Farbraum ist geeignet?

Da es keinen universellen Standard zur Spezifikation von Farbe gibt, wird die Wahl eines geeigneten Computerfarbraums gewöhnlich durch die Abwägung zwischen mehreren Anforderungen bestimmt, die sich teilweise widersprechen:

- Austausch exakter Farbangaben
- Intuitives Bearbeiten von Farbe
- Software- und Hardware-Kompatibilität
- Dateigröße (Bit pro Pixel).

CIELAB eignet sich gut als Standardfarbraum: Man kann Farben damit eindeutig beschreiben, Farben lassen sich intuitiv bearbeiten, der Farbraum ist gleichabständig und ermöglicht eine effiziente Zuordnung von Bits pro Pixel. Leider unterstützen zur Zeit noch nicht alle Anwendungsprogramme den CIELAB-Farbraum direkt.

Eine andere Möglichkeit ist das Arbeiten in einem standardisierten Ausgabefarbraum (z.B. CMYK/Euroskala für den Offsetdruck). Alle Ein- und Ausgabegeräte werden dann mittels Colormanagement auf den Ausgabefarbraum abgestimmt. Kapitel 4 widmet sich ausführlich der Diskussion CIELAB versus CMYK.

Die 256 Intensitätsstufen pro Farbe, die ein Dateiformat mit 24 Bit pro Pixel ermöglicht, bieten eine genügend große Spannweite, wenn der benutzte Farbraum gleichabständig ist (z.B. CIELAB). Nicht gleichabständige Farbräume bieten bei 24 Bit jedoch nicht immer genügend

Dynamik. Somit hängt die Wahl eines geeigneten Farbraums schließlich von der jeweils gewünschten Anwendung ab. Jeder Farbraum ist geeignet, wenn das benutzte Dateiformat über ausreichend Dynamik (Bit pro Pixel) verfügt und der Computer genügend schnell ist. Als weitere Möglichkeit bietet es sich an, Bilder mit der maximalen Dynamik zu speichern, die der jeweilige Farbraum des Geräts (Scanner oder Monitor) bei der Erzeugung erlaubt, und die Bilddatei mit der Farbcharakteristik des Gerätefarbraums zu versehen (siehe Kapitel 4).

3 Gerätecharakterisierung und Kalibrierung

3.1 Charakterisierung, Kalibrierung und Transformation

Zielsetzung

Die nachfolgenden Abschnitte definieren Begriffe und Methoden, um das Farbverhalten von Scannern, Monitoren und Drucksystemen zu beschreiben. Hieraus ergeben sich Farbprofile, die die Basis für farbverbindliches Arbeiten in den Anwendungsprogrammen bilden.

Gerätecharakterisierung

Als Charakterisierung bezeichnet man einen Vorgang, bei dem der Zusammenhang zwischen dem eigenen Farbraum eines Geräts und einem auf CIE basierenden Referenzfarbraum definiert wird. Bei Monitoren und Druckern beschreibt die Charakterisierung, welche Farben bei einem bestimmten Eingabesignal erzeugt werden. Bei Scannern gibt die Charakterisierung an, welches Ausgabesignal das Scannen einer bestimmten Farbe liefert. Die Gerätecharakterisierung dient als Grundlage für die nachfolgende Farbraumtransformation.

Farbraumtransformationen

Die Umrechnung zwischen dem Farbraum eines Geräts und einem Referenzfarbraum nennt man Transformation, wobei die bei der Charakterisierung des Geräts ermittelten Parameter benutzt werden. Die Transformation zwischen CIELAB und dem Farbraum eines Geräts erfolgt meist in zwei Schritten: Linearisierung und Dichtekompression der achromatischen (neutralen) Komponenten sowie Transformation und Gamut-Kompression der chromatischen (bunten) Komponenten. Eine derartige Aufteilung der Transformation erlaubt es, die tonalen Eigenschaften des Geräts neu zu kalibrieren oder an die optimale Reproduktion eines bestimmten Bildes anzupassen, ohne die chromatischen Eigenschaften zu beeinflussen.

Geschwindigkeit und Genauigkeit der Farbraumtransformation hängen vom verwendeten Algorithmus ab. Es gibt außerdem verschiedene Algorithmen zur Gamut-Umsetzung, die entweder die farbmetrisch exakte Farbreproduktion oder die empfindungsmäßige Einhaltung der Farben zum Ziel haben. Farbraumtransformationen basieren in der Regel auf Matrizenoperationen oder dreidimensionalen Tabellen.

Gerätekalibrierung

Unter Kalibrierung versteht man das Ausgleichen der Farbbalance eines Geräts, die sich im Laufe der Zeit verändern kann. Die Farbtemperatur der Glühbirne in einem Scanner ändert sich zum Beispiel in der Regel mit zunehmendem Alter der Birne. Durch die Kalibrierung erreicht man, daß sich ein Gerät gemäß der Parameter verhält, die bei seiner Charakterisierung festgelegt wurden. Im allgemeinen betrifft die Kalibrierung nur die lineare (achromatische) Komponente eines Geräts. Während die Charakterisierung meist schon im Werk durchgeführt wird, kann eine Kalibrierung mittels Tonwertkurven durch den Benutzer erfolgen. Die Daten für die Gerätecharakterisierung und -kalibrierung sowie verschiedene Varianten zur Farbraumtransformation bilden zusammen das Farbprofil eines Geräts.

Analytische und empirische Methoden

Bildgebende Geräte lassen sich entweder analytisch charakterisieren, indem man ihr physikalisches Arbeitsprinzip modelliert, oder empirisch durch Messung der Reaktion auf eine große Zahl von Eingabewerten. In der Praxis erfolgt die Gerätecharakterisierung fast immer mit Hilfe analytischer Methoden.

3.2 Farbscanner

Der RGB-Farbraum eines Scanners

Ein Farbscanner ist ein Gerät, das alle Farben eines Bildes in meßbare Anteile von nur drei Komponenten zerlegt, normalerweise Rot, Grün und Blau. Bei einem Flachbettscanner wird weißes Licht vom gescannten Bild reflektiert und durch rote, grüne und blaue Filter in die einzelnen

Komponenten zerlegt. Ein Lichtdetektor mißt die Lichtanteile in jedem der drei Kanäle.

Das gescannte Dokument und die Bauteile des Scanners (Lichtquelle, Filter, Detektor) lassen sich mit Hilfe ihrer Spektraleigenschaften beschreiben. Die RGB-Werte, die ein Scanner beim Scannen eines Bildes aufzeichnet, hängen über eine komplizierte Funktion von allen optischen und elektrischen Bauteilen des Scanners sowie vom Bild selbst ab. Folgende Faktoren beeinflussen die Kanalausgabe eines Scanners:

- spektrale Remission des gescannten Bildes
- Spektrum der Lichtquelle des Scanners
- spektrale Transmission der Farbfilter
- spektrale Empfindlichkeit der CCD-Sensoren
- Spektralfunktion der anderen optischen Bauteile

Da verschiedene Scanner mit unterschiedlichen Bauteilen arbeiten, erzeugen sie beim Einscannen des gleichen Bildes völlig unterschiedliche RGB-Ausgabewerte. Aus diesem Grund müssen Scanner charakterisiert werden.

Die trichromatischen RGB-Werte, die ein Scanner als Reaktion auf ein bestimmtes Licht liefert, unterscheiden sich fast immer von den trichromatischen XYZ-Werten, die das Auge bei Einfall des gleichen Lichts mißt. Die RGB-Filter eines typischen Desktop-Scanners besitzen eine viel schmalere Spektralfunktion als das menschliche Auge (siehe Abbildung 11). Filmscanner können sogar mit extrem schmalbandigen Filtern ausgestattet werden, die für die Spektralfunktion der Farbpartikel von Filmen optimiert sind. Flachbettscanner müssen eine große Bandbreite verschiedener Materialien scannen können, die Licht in allen Teilen des Spektrums reflektieren. Daher benötigen Flachbettscanner Filter mit größerer Bandbreite.

Ein Scanner, der Farbe genauso wahrnimmt wie das menschliche Auge (kolorimetrisches Gerät), würde direkt XYZ-Werte speichern. In der Praxis kommen kolorimetrische Scanner jedoch nicht zum Einsatz. Dies liegt zum Teil daran, daß Filter, die exakt der Spektralfunktion des menschlichen Auges entsprechen, in der Herstellung sehr teuer wären.

Ein menschlicher Beobachter sieht beide Dokumente mit den gleichen Farben...

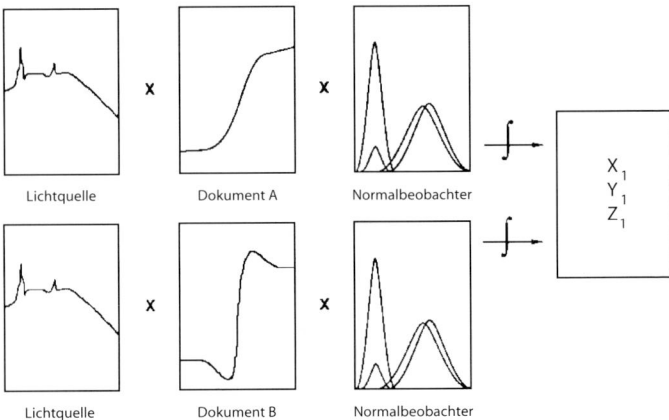

...der Scanner „sieht" jedoch zwei verschiedene Farben

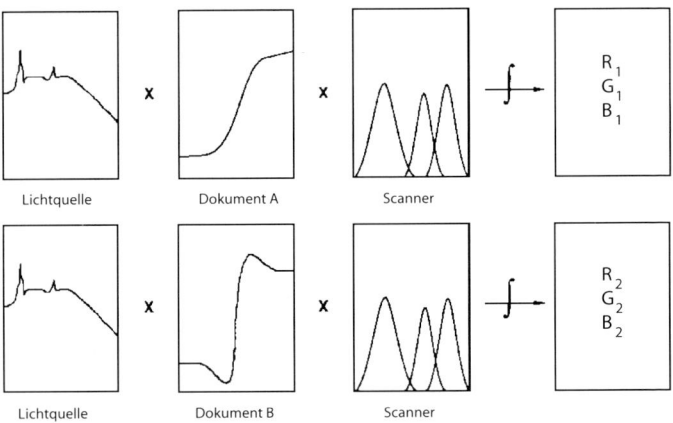

Abb. 11 Farbempfindlichkeit eines Scanners im Vergleich mit der menschlichen Wahrnehmung

Gamut eines Scanners

Scanner unterliegen keiner chromatischen Gamut-Begrenzung. Es gibt keinen Farbbereich, den Scanner nicht erfassen könnten. Allerdings unterscheiden sich verschiedene Scanner hinsichtlich der Fähigkeit, verschiedene Töne innerhalb des Gamuts des eingescannten Mediums auseinanderzuhalten.

Dynamikumfang eines Scanners

Der Dynamikumfang ist das wichtigste Qualitätsmerkmal eines Scanners. Er mißt die Anzahl der unterschiedlichen Stufen, die innerhalb der Farbkanäle des Scanners unterschieden werden können. Da sich 24 Bit pro Pixel als De-facto-Standard für die Speicherung, Bearbeitung und Anzeige von Farbbildern durchgesetzt haben, messen preiswerte Desktop-Scanner 8 Bit oder 256 Abstufungen pro Farbebene, wodurch sich Bilder mit 24 Bit pro Pixel ergeben. Leider enthalten viele gescannte Medien, besonders Film, mehr als 256 unterscheidbare Abstufungen in jeder der drei Farbebenen. Ein gut belichtetes Dia kann zum Beispiel bis zu 3000 verschiedene Abstufungen pro Farbebene enthalten. Dies entspricht einer Dichte von etwa $\log_{10} 3000 = 3,5$. Hochwertige Scanner arbeiten daher mit 12 Bit pro Kanal, um die gesamte Farbinformation eines Dias einzufangen.

Ist der Dynamikumfang des Scanners geringer als der des ursprünglichen Photos, so geht beim Scannen Information aus dem Original verloren. Die Umsetzung (Kompression) des Dynamikumfangs des gescannten Mediums in den Dynamikumfang der digitalen Ausgabe wird als *toning* bezeichnet. Die Umsetzung erfolgt mit Hilfe einer Tabelle.

Gewöhnlich erfordert jeder Schritt der Bildreproduktion – vom Scannen bis zum endgültigen Druck – eine gewisse Kompression des Dynamikumfangs. Die optimale Kompression des Tonbereichs hängt vom Bildinhalt ab. Dazu muß tonale Information derart eliminiert werden, daß der Gesamteindruck des Bildes erhalten bleibt.

Gammakorrektur für Scanner

Die CCD-Lichtdetektoren, die in den meisten Desktop-Scannern zum Einsatz kommen, reagieren linear auf Änderungen der Lichtintensität (d.h. Gamma = 1). Verdopplung der Lichtintensität liefert den doppelten Pixelwert. Die Reaktion des Auges entspricht jedoch der Kubikwurzel der Lichtintensität und verläuft näherungsweise linear bezüglich der Dichte. Um die Reaktion des Scanners auf die Lichtintensität an die Reaktion des Auges anzupassen (also linear bezüglich der Dichte), muß die Ausgabe des Scanners auf eine logarithmische Skala abgebildet werden (siehe Abbildung 12). Abbildung 12 illustriert außerdem ein inhärentes Problem bei Scans mit 8 Bit pro Kanal: Die unkorrigierten Scannerdaten enthalten sehr wenig Pixelwerte für die Schattenbereiche eines Bildes. Daraus können sich Quantisierungsfehler ergeben, in deren Folge der Scanner unterschiedliche Dichtestufen im Original nicht mehr unterscheiden kann. Die Umwandlung des gescannten Bildes in logarithmische Daten hilft in diesem Fall auch nicht, da die Information bereits beim ursprünglichen Scan verlorenging.

Charakterisierung eines Scanners

Die Charakterisierung eines Scanners verfolgt das Ziel, den Zusammenhang zwischen dem RGB-Ausgabesignal des Scanners und den Farben des gescannten Bildes zu definieren. Dieser Zusammenhang verändert sich nicht nur von einem Scannertyp zum nächsten, sondern auch zwi-

Graustufen mit gleichen Dichte- abständen	Film- dichte	Unkorrigierter Scannerwert (Gamma 1,0)	An Dichte angepaßt (log. Daten)
	0,10	255	255
	0,40	128	227
	0,70	64	198
	1,00	32	170
	1,30	16	142
	1,60	8	113
	1,90	4	85
	2,20	2	57
	2,50	1	28
	2,80	0	0

Abb. 12 Logarithmische Anpassung von Scandaten

schen mehreren Geräten des gleichen Typs und aufgrund der Alterung von Bauteilen auch im Laufe der Zeit für ein bestimmtes Gerät.

Scanner werden gewöhnlich mit Hilfe eines sogenannten *Scanner-Kalibrier-Targets* charakterisiert (siehe Abbildung 13). Dieses Target muß auf dem gleichen Medientyp vorliegen wie die zu scannenden Originale. Die Beziehung zwischen dem RGB-Farbraum des Scanners und dem CIELAB-Farbraum der Farbflächen des Targets wird hergestellt, indem man die Farbflächen mit einem Kolorimeter oder einem Spektralphotometer mißt und das Target dann einscannt. Entsprechend kann man die Linearität der drei Kanäle des Scanners messen, indem man einen neutralen Grauverlauf mit gleichen Dichtestufen zwischen den Werten D_{min} und D_{max} des Mediums scannt. Scanner-Targets inklusive einer Diskette mit den dazugehörigen CIELAB-Daten lassen sich bei allen großen Herstellern von Photomaterialien beziehen.

Umwandlung von Scanner-RGB in CIELAB

Zur Linearisierung eines Scanners legt man eine Lookup-Tabelle für jeden der drei Kanäle an. Die Tabelle bewirkt, daß jede schrittweise Dich-

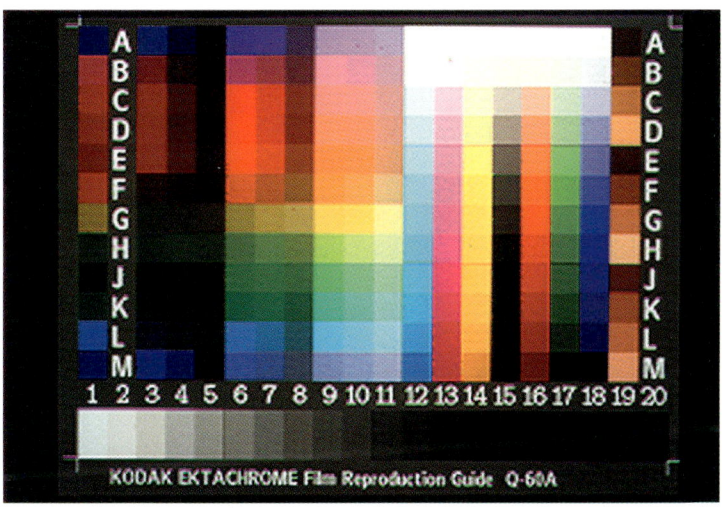

Abb. 13 Das *Scanner-Kalibrier-Target* Kodak Q-60 zur Gerätecharakterisierung

teänderung auf einem Kalibrier-Target mit Graustufen die gleiche Änderung bei der digitalen Ausgabe des Scanners zur Folge hat. Damit sind alle drei Kanäle für jede Farbfläche auf dem Target linearisiert, d.h., die Graubalance ist ausgeglichen. Zum Erzeugen dieser Tabellen invertiert man die Linearisierungskurven, die bei der Charakterisierung angelegt wurden. Mit den Tabellen kann man außerdem Weiß- und Schwarzpunkt des Scanners anpassen, damit das Einscannen weißer bzw. schwarzer Fläche maximale bzw. minimale digitale Ausgabewerte liefert.

Die Charakterisierung des Scanners legt fest, welche RGB-Ausgabesignale beim Scannen der CIELAB-Farben des Targets erzeugt werden. Ein typisches Bild enthält viele Farben, die nicht exakt den Farben des Targets entsprechen. Für die Farbtransformation des Scanners muß die Beziehung zwischen seinem RGB-Farbraum und CIELAB so erweitert werden, daß sie alle möglichen Farben umfaßt, auf die der Scanner stoßen kann. Außerdem ist die Beziehung zwischen Scanner-RGB und CIELAB invertiert im Vergleich zu der Richtung, in der wir die Farbraumtransformation anwenden. Die Farbtransformationen für den Scanner lassen sich entweder mit Hilfe einer Matrix oder mit Tabellen (*render tables*) durchführen.

Bei der ersten Technik richtet man eine Matrix ein, die die RGB-Werte des Scanners in die CIELAB-Werte des Targets transformiert. Da es in der Regel keine exakte Transformation gibt, muß man eine Reihe von Matrizenkoeffizienten ermitteln, die den Transformationsfehler minimieren. Eine 3×3-Matrix beschreibt die Transformation nur dann völlig exakt, wenn sich die Spektralfunktion der RGB-Kanäle des Scanners nur durch eine lineare Transformation von der Spektralfunktion des mensch-

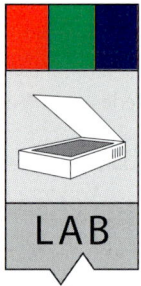

Abb. 14 Das Scannerprofil definiert die Umsetzung der geräteabhängigen RGB-Farben in den CIELAB-Farbraum

lichen Auges unterscheidet. Da das selten der Fall ist, kommen gewöhnlich Tabellen zum Einsatz, wenn man größere Genauigkeit benötigt.

Alternativ kann man auch eine Tabelle konstruieren, die auf den bekannten CIELAB-Werten des Targets und den zugehörigen RGB-Werten des Scanners beruht. Durch Interpolation wird dann die Transformation von RGB nach CIELAB für alle möglichen gescannten Farben bestimmt. Abhängig von der Anzahl der Farbflächen auf dem Kalibrier-Target kann die Tabelle *(render table)* beliebig groß werden.

Kalibrierung eines Scanners

Farbbalance und Linearität eines Scanners können sich mit zunehmendem Alter und häufiger Verwendung ändern. Dies erfordert eine regelmäßige Neukalibrierung des Scanners. Da die Separationsfilter eines Scanners relativ stabil sind, verändern sich die chromatischen Komponenten der Farbcharakteristik eines Scanners im Laufe der Zeit nur wenig. Daher besteht die Kalibrierung eines Scanners gewöhnlich aus dem Einscannen eines Targets mit neutralen Graustufen und anschließender Anpassung der Tabellen für die Linearitätskorrektur.

3.3   Farbmonitore

Farbdarstellung im Monitor

Die Innenseite einer Kathodenstrahlröhre (*cathode ray tube*, CRT) enthält drei verschiedene Arten von Phosphorpartikeln (siehe Abbildung 15). Drei getrennte Elektronenstrahlen streichen über die Röhre, wobei jeder Strahl ein Phosphorteilchen anregt, das entweder rotes, grünes oder blaues Licht abstrahlt. Jedes der drei Phosphorpartikel gibt Licht einer charakteristischen spektralen Energieverteilung ab. Da die drei RGB-Phosphorpartikel sehr nahe beieinander sitzen, wird das abgestrahlte Licht kombiniert (dieser Vorgang verläuft im wesentlichen additiv), woraus sich die am Monitor wahrgenommene Farbe ergibt. Obwohl die spektrale Energieverteilung des Lichts, das unser Auge erreicht, nichts mit der Energieverteilung des reproduzierten Lichts zu tun haben muß, ermöglicht die trichromatische Struktur der menschlichen Wahrnehmung, die passende Farbe am Bildschirm zu erzeugen. Die von einem

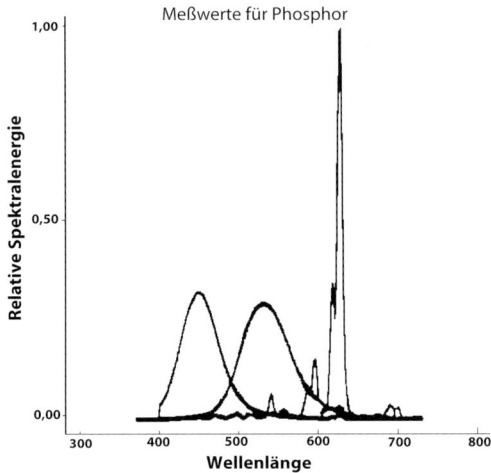

Abb. 15 Spektraleigenschaften der roten, grünen und blauen Phosphorpartikel in einer typischen Kathodenstrahlröhre

Monitor bei einem bestimmten RGB-Signal produzierte Farbe hängt von folgenden Faktoren ab:
- Gamut des Monitors
- Gamma des Monitors
- Weißpunkt des Monitors

Gamut eines Monitors

Der Farbgamut eines Monitors und die am stärksten gesättigten Farben, die auf dem Monitor angezeigt werden können, werden im wesentlichen durch die x,y-Werte der roten, grünen und blauen Phosphorpartikel der Röhre bestimmt. Obwohl es viele verschiedene Hersteller von Monitoren gibt, kommen nur relativ wenig unterschiedliche Phosphortypen zum Einsatz.

Gamma eines Monitors

Die Helligkeit des von den Phosphorpartikeln erzeugten Lichts hängt nicht linear von der Spannung ab, mit der die Elektronenstrahlen beschleunigt werden. Die tatsächlich wahrgenommene Helligkeit ist proportional zur Spannung potenziert mit dem Gamma-Wert (γ) des Monitors. Der Gamma-Wert eines durchschnittlichen Monitors liegt zwischen 1,8 und 2,2. Genaugenommen besitzt jeder der drei RGB-Kanäle einen eigenen Gamma-Wert, doch meist wird für alle Kanäle ein durchschnittlicher Gamma-Wert benutzt.

Weißpunkt eines Monitors

Wird jeder der drei Elektronenstrahlen einer Kathodenstrahlröhre mit maximaler Intensität beschleunigt (das entspricht bei einem 24-Bit-Bildschirm R = G = B = 255), so mischt sich das von den RGB-Phosphorpartikeln abgegebene Licht zum Weißpunkt des Monitors. Der Farbstich dieses Weißpunkts läßt sich durch Angabe der zugehörigen Farbtemperatur in Grad Kelvin beschreiben oder durch die CIE-Farbkoordinaten x und y. Viele Computerbildschirme besitzen einen relativ hohen (bläulichen) Weißpunkt zwischen 8000 K und 9000 K. Wird der Monitor für die Darstellung gedruckter Ausgabe kalibriert, reduziert man den Weißpunkt oft auf circa 5000 K (D50), damit er dem Weiß des Papiers entspricht. Reduziert man jedoch den Weißpunkt eines Monitors, indem man den Signalpegel der RGB-Kanonen vermindert, so verkleinert man damit auch den Dynamikumfang. Man kann den Weißpunkt eines Monitors mit Hilfe der Regler für Helligkeit und Kontrast verändern oder ihn mit einem Bildschirmkalibrator auf einen bestimmten Wert setzen.

Dynamikumfang eines Monitors

Die Mehrzahl der heute zur elektronischen Bildverarbeitung eingesetzten Bildschirme bietet einen maximalen Dynamikumfang von 24 Bit pro Pixel. Der tatsächlich verfügbare Dynamikumfang hängt von der benutzten Graphikkarte ab.

Betrachtungsbedingungen

Unabhängig von den Farbeigenschaften des Monitors hängt die Darstellung eines Bildes am Bildschirm von der Umgebungsbeleuchtung des Raums ab. Mit zunehmendem Umgebungslicht wird der tatsächliche Gamut des Bildschirms kleiner. Um konsistente Farbdarstellung zu erreichen, muß man für standardisierte Betrachtungsbedingungen sorgen.

Charakterisierung eines Monitors

Die Charakterisierung eines Monitors verfolgt das Ziel, die Beziehung zwischen den zu einem bestimmten Monitor gesandten RGB-Signalen und der dargestellten Farbe zu definieren. Diese Beziehung wird durch Messung dreier Eigenschaften des Monitors bestimmt, nämlich die Farbwerte der drei Phosphorarten, Gamma-Wert und Weißpunkt. Da man zur Messung der Phosphor-Chromatizität ein Spektroradiometer benötigt, das nicht zur Standardausstattung der meisten Computernutzer gehört, wird die Charakterisierung eines Monitors meist vom Hersteller durchgeführt.

Umwandlung von CIELAB in Monitor-RGB

Die Umwandlung zwischen CIELAB und dem RGB-Farbraum des Monitors umfaßt Linearisierung, Farbraumtransformation und Gamut-Kompression. Die Linearisierung des Monitors erreicht man durch drei Tabellen, die die drei Kanäle des Monitors so anpassen, daß gleiche Änderungen des RGB-Signalwerts gleiche Änderungen der wahrgenommenen Helligkeit bewirken.

Die Farbtransformation für einen Monitor kann wie bei einem Scanner mit Hilfe einer Matrix oder durch dreidimensionale Tabellen erfolgen. Wurden zur Charakterisierung des Monitors einfach die Farbwerte der drei Phosphorarten gemessen, wird im allgemeinen eine 3×3-Matrix zur Konvertierung zwischen CIEXYZ und dem RGB-Farbraum des Monitors benutzt. Da ein Monitor sowohl als Farbquelle (für die Ausgabe auf einem Drucker) als auch als Ausgabegerät für gescannte Farbe dienen kann, müssen Matrizen für die Farbtransformation in beiden Richtungen bestimmt werden.

Kalibrierung eines Monitors

Da sich Farbbalance, Linearität und Weißpunkt eines Monitors im Laufe der Zeit ändern, ist eine regelmäßige Kalibrierung erforderlich. Im Gegensatz dazu ändern sich die Phosphor-Farbwerte mit zunehmendem Alter kaum, deshalb muß die chromatische Komponente der Monitor-Charakterisierung (also die Koeffizienten der 3×3-Matrix) nicht angepaßt werden.

Verschiedene Hersteller bieten spezielle Geräte zur Monitor-Kalibrierung an, die mit einem Sauger auf der Glasplatte des Bildschirms befestigt werden (siehe Abbildung 16). Solche Geräte messen und steuern Weißpunkt und Gamma des Monitors, indem sie Linearität und Helligkeit der drei Farbkanäle messen und die Linearisierungstabelle des Monitors entsprechend anpassen. Teurere Kalibratormodelle können während der Kalibrierung auch die Umgebungsbeleuchtung berücksichtigen. Da sich die meisten Kathodenstrahlröhren räumlich nicht gleichmäßig verhalten – d.h., das gleiche RGB-Signal liefert an verschiedenen Stellen der Glasplatte unterschiedliche Farben –, muß die Kalibrierung zur Erzielung optimaler Ergebnisse an verschiedenen Stellen der Glasplatte des Monitors wiederholt werden.

Viele Fachleute, die sich in der Druckvorstufe mit elektronischer Farbverarbeitung beschäftigen, ignorieren die am Bildschirm angezeigten Farben traditionell. Statt dessen verlassen sie sich auf numerische CMYK-Werte, die sie im Kopf in Farbwerte umsetzen. DTP-Anwender erwarten dagegen, daß sie den Monitor zur Beurteilung der endgültigen Ausgabe benutzen können. Dazu müssen die am Monitor dargestellten Farben exakt sein.

Abb. 16 Monitor mit angeschlossenem Kalibrator

3.4   Farbdrucker

Farbwiedergabe durch Drucker

Da weißes Papier alle Wellenlängen annähernd gleich reflektiert, müssen Drucker Farbe durch Auftragen unterschiedlicher Pigmentmengen der Farben Cyan, Magenta und Gelb erzeugen, um den Anteil des reflektierten roten, grünen und blauen Lichts zu verändern. Leider ist die Wiedergabe von Farbe auf Papier wesentlich komplizierter. Papier und Betrachtungsbedingungen sind selten spektral neutral, und Druckfarben sind in der Regel verunreinigt. Magenta-Druckfarbe absorbiert zum Beispiel nicht nur grünes Licht, sondern auch etwas blaues Licht (man sagt, die Druckfarbe sei mit Gelb verunreinigt). Als Folge davon ändert sich die gedruckte Farbe nicht gleichmäßig mit der Menge der aufgetragenen Druckfarbe. Das beste Rot erhält man nicht durch maximale Anteile von Magenta und Gelb, sondern durch eine bestimmte Kombination der CMY-Anteile. Noch schlimmer: Viele Drucker benutzen Schwarz (dargestellt durch den Buchstaben K von black) als vierte Druckfarbe, um die Qualität und Dichte schwarzer Bildteile zu verbessern und um die für neutrale Farben benötigte Menge an Druckfarbe zu reduzieren. Der Einsatz einer vierten Druckfarbe hat zur Folge, daß viele verschiedene Kombinationen von CMYK-Farben die gleiche gedruckte Farbe liefern.

Abb. 17 Das Monitorprofil definiert die Umsetzung der geräteabhängigen RGB-Farben in CIELAB- oder CIEXYZ-Farbraum

Farbseparation

Unter Farbseparation versteht man die Herstellung getrennter elektronischer oder photographischer Datensätze, die angeben, welche Anteile von Prozeßfarben (Cyan, Magenta, Gelb und Schwarz) für die Wiedergabe eines Originalfarbbildes nötig sind. Bei dem Originalbild kann es sich um ein Photo, ein Dia oder eine digitale RGB-Bilddatei handeln. Früher wurden Farbseparationen erzeugt, indem man das Original durch rote, grüne und blaue Filter hindurch photographierte. Heutzutage erfolgen so gut wie alle Farbseparationen mit Hilfe elektronischer Scanner. Die Schwarz-Separation wird meist mit Hilfe der beiden Verfahren *undercolor removal* (UCR) und *gray component replacement* (GCR) erzeugt. Beide Techniken ersetzen Cyan, Magenta und Gelb in neutralen Graubereichen eines Bildes durch Schwarz, so daß die reproduzierte Farbe normal erscheint, aber weniger Prozeßfarben benötigt.

Kontinuierliche Farbe und Rasterung

Es gibt im wesentlichen zwei Verfahren für die Kombination mehrerer Druckfarben zur Darstellung eines kontinuierlichen Bereichs reproduzierbarer Farben: kontinuierliche Farbe und Rasterung. Bei kontinuierlicher Farbe werden drei oder mehr farbige Pigmente überlagert, um Farben zu reproduzieren. Die endgültige Farbe hängt von vielen Faktoren ab, unter anderem den Spektraleigenschaften der Farbpigmente, der Dichte der Farbpigmente in jeder Schicht, den Wechselwirkungen zwischen den Pigmentschichten und den Reflexionseigenschaften des Papiers. Bei photographischen Abzügen und Dias sowie Ausdrucken von Thermosublimationsdruckern werden Farben auf diese Art reproduziert. Bei der Überlagerung von Farbpigmenten erfolgt die Mischung annähernd subtraktiv.

Bei der Rasterung bereitet man ein Bild mit kontinuierlichen Farbtönen für den Druck vor, indem man es in Muster von CMYK-Punkten umwandelt. Dieser Vorgang wird auch als *dithering* bezeichnet. Die wahrgenommene Farbe wird durch Ändern von Anzahl, Position und Größe der Farbpunkte je Flächeneinheit beeinflußt.

Bei der im Offsetdruck üblichen traditionellen Rasterung reproduziert man Farben, indem man die vier Druckfarben in festen Mustern, sogenannten Rosetten, und konstanter Frequenz anordnet. Die erzeugte

Farbe wird dabei durch Anpassen der Größe der einzelnen Farbpunkte gesteuert. Da sich die gedruckten Farbpunkte nur teilweise überlagern, ist die Farbmischung weder vollständig additiv noch vollständig subtraktiv.

Manche Digitaldrucker modulieren bei der Farbwiedergabe sowohl Größe als auch Anzahl der Farbpunkte pro Flächeneinheit. Es gibt viele verschiedene Dithering-Algorithmen für den Digitaldruck; viele Geräte unterstützen mehrere Verfahren. Neue Verfahren mit stochastischem Bildaufbau, einer Variante des Dithering, werden neuerdings für die Erzeugung von Filmen für Druckerpressen eingesetzt.

Gamut eines Druckers

Der Farbgamut eines Druckers, also die am stärksten gesättigten Farben, die damit gedruckt werden können, wird grundsätzlich durch die x,y-Farbwerte der benutzten Druckfarben festgelegt. In Kapitel 4 werden die Gamutbereiche einiger gängiger Drucktechnologien verglichen. Der Gamut eines Thermosublimationsdruckers ist größer als der Gamut photographischer Abzüge!

Weißpunkt eines Druckers

Der Weißpunkt des Papiers hängt sowohl von den Spektraleigenschaften des Papiers als auch von den Betrachtungsbedingungen ab. Man kann eine Reihe unterschiedlicher Farben erzeugen, indem man die gleiche blaue Druckfarbe auf unterschiedlich „weiße" Papiersorten druckt. Die Betrachtungsbedingungen werden oft mit Hilfe einer Lichtkammer auf D65 oder D50 (europäischer Standard) normalisiert.

Dynamikumfang eines Druckers

Der Dynamikumfang (Dichteumfang) hochwertiger Offset- und Digitaldrucke liegt zwischen 1,5 und 2,0. Bei billigen Inkjet-Druckern liegt der Dynamikumfang dagegen oft unter 1,0. Da einem Farbpixel mit 24 Bit einem Dynamikumfang von 2,4 entspricht, ist ein kolorimetrisch exakter Farbdruck damit im allgemeinen nicht möglich. Aus diesem Grund müssen normalerweise sowohl die achromatische als auch die chromatischen

Komponenten eines mit 24 Bit pro Pixel digitalisierten Bildes komprimiert werden (durch Umsetzung des tonalen Bereichs und des Gamuts), damit die gedruckte Reproduktion dem Originalbild entspricht.

Charakterisierungs-Targets für Drucker

Zur Charakterisierung eines Druckers wird eine große Anzahl von Farbflächen auf einem Charakterisierungs-Target ausgedruckt und vermessen. Diese Targets bestehen gewöhnlich aus zwei Teilen. Einer dient zur Messung der Linearität des Druckers, der andere zur Messung seiner chromatischen Eigenschaften. Um die Linearität des Druckers zu bestimmen, druckt man ein Target, das Farbflächen in vier Spalten enthält. Jede Spalte besteht aus einer Prozeßfarbe und durchläuft den gesamten Bereich von minimalem bis maximalem Farbauftrag. Innerhalb der Spalten ändern sich die digitalen Werte nebeneinanderliegender Farbflächen immer um den gleichen Betrag.

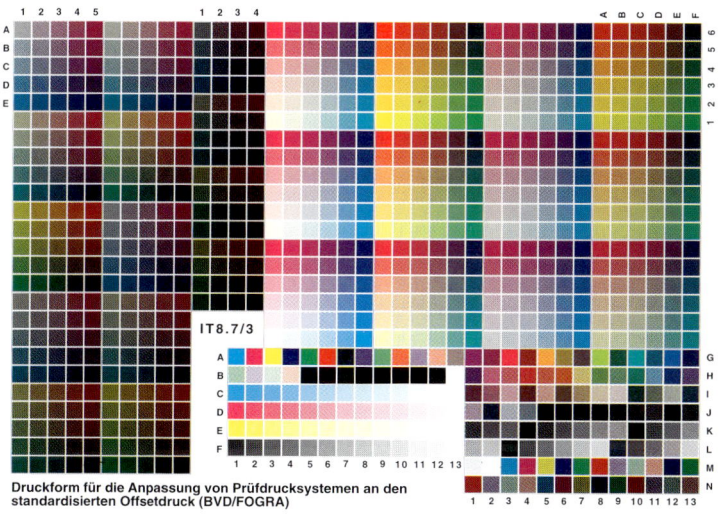

Abb. 18 Charakterisierungs-Target IT8.7/3 für Farbdrucker

Die chromatischen Eigenschaften des Geräts werden gemessen, indem man eine Reihe von Farbflächen ausdruckt. Die Mindestanzahl der Farbflächen zur Charakterisierung eines Druckers mit drei Farben beträgt acht (nämlich die Primärfarben): die reinen Druckfarben, die Komplementärfarben (CM, CY, MY und CMY) und Weiß. Allerdings ist der Farbraum der meisten Drucker hochgradig nichtlinear. Die wiedergegebene Farbe ändert sich bei stetiger Zugabe von Cyan, Magenta, Gelb oder Schwarz nicht in gleichem Maß. Aus diesem Grund muß man sehr viele Farbflächen (1000 und mehr) drucken und ausmessen, um den Farbraum eines Druckers genau genug für die Bildwiedergabe zu charakterisieren (siehe Abbildung 18).

Stabilität und Gleichmäßigkeit eines Druckers

Eines der Hauptprobleme im Zusammenhang mit Druckercharakterisierung und -kalibrierung ist sicherzustellen, daß die Ausgabe des Druckers im Laufe der Zeit stabil bleibt. Innerhalb eines Druckauftrags kann man sowohl bei digitalen als auch bei traditionellen Druckverfahren relativ gut dafür sorgen, daß die Farben auf allen Seiten gleichmäßig wiedergegeben werden. Ändern sich jedoch die Betriebsbedingungen einer Druckerpresse oder verändern sich die Komponenten eines digitalen Druckers im Laufe der Zeit oder mit veränderter Temperatur, so ändert sich auch die Farbcharakteristik des Druckers, wodurch häufige Neukalibrierung erforderlich wird. Digitale Drucker reproduzieren Farbe oft auch nicht besonders einheitlich – der gleiche digitale Wert kann an verschiedenen Stellen der Seite völlig unterschiedliche Farben liefern. Stabilität und Gleichmäßigkeit eines Druckers (sowohl innerhalb einer Seite als auch im Vergleich mehrerer Seiten) sind im allgemeinen die begrenzenden Faktoren hinsichtlich der Genauigkeit der Druckercharakterisierung und der Farbtransformation.

Umwandlung von CIELAB in Drucker-CMY(K)

Eine gute Wiedergabe tonaler Abstufungen durch Korrektur der Linearität eines Druckers zählt meist zu den wichtigsten Schritten der Reproduktion. Die Korrektur der Linearität eines Druckers erfolgt über Tabellen. Sie bewirken, daß gleiche Änderungen der digitalen Eingabewerte gleiche Änderungen der neutralen Dichtebereiche des Druckers zur Folge haben. Aufgrund von Verunreinigungen der Druckfarben erfordern neutrale Farben auf einem CMYK-Gerät keine gleichen Anteile von Cyan, Magenta und Gelb. Die Kompression des tonalen Bereichs errreicht man durch Abbildung von Weiß- und Schwarzpunkt auf die Werte D_{min} und D_{max} des Druckers. Daraus ergeben sich Tonwertkurven, die durch Invertieren der Linearisierungskurven des Druckers entstehen. Die Linearisierungskurven selbst wurden während der Charakterisierung gemessen.

Die chromatische Komponente der Farbtransformation eines Druckers umfaßt die Erzeugung einer großen Tabelle zur Transformation der CIELAB-Werte eines Pixels in CMY- oder CMYK-Werte. Die Tabelle entsteht durch Invertieren der Beziehung von CMY(K)- in CIELAB-Werte, die während der Charakterisierung des Druckers bestimmt wurde. Neue CIELAB-Werte werden in CMY(K)-Werte des Druckers transformiert, indem man existierende Werte der Tabelle interpoliert. Für die Interpolation gibt es viele verschiedene Techniken, die sich hinsichtlich Geschwindigkeit und Genauigkeit unterscheiden.

Gamut Mapping

Viele Farben, die ein Scanner aufzeichnen oder ein Monitor darstellen kann, sind auf einem Drucker nicht genau reproduzierbar, weil sie außerhalb des Drucker-Gamuts liegen. Die Transformation dieser Farbwerte außerhalb des Gamuts in druckbare Farben wird als *gamut mapping* bezeichnet. Diese Umsetzung ist gewöhnlich in die Farbtabellen des Druckers integriert. Im allgemeinen sollen die CIELAB-Eingabefarben so wenig wie möglich entsättigt werden, um sie zwecks optimaler Wiedergabe in den Gamut des Druckers zu bringen. Es gibt zwei Hauptmethoden für das Gamut Mapping: die wahrnehmungsorientierte (*perceptual*) und die farbmetrische (kolorimetrische) Darstellung.

Die wahrnehmungsorientierte Darstellung eignet sich optimal für die Reproduktion von Photos mit kontinuierlichen Farbverläufen. Zur Durchführung der nötigen Gamut-Kompression verschiebt man die Farben des Bildes so lange in Richtung zur neutralen Achse, bis sie im Gamut des Druckers liegen. Diese Technik hat den Vorteil, daß die Farben des Ursprungsbildes nach der Kompression in den Drucker-Gamut in der gleichen relativen Beziehung zueinander stehen. Weiß- und Schwarzpunkt des Quellbildes werden auf das Papierweiß bzw. das dunkelste druckbare Schwarz abgebildet. Das Verfahren hat allerdings den Nachteil, daß Farben des Ursprungsbildes, die im Gamut des Druckers liegen (z.B. kritische Farben wie Hauttöne) nicht mehr kolorimetrisch exakt reproduziert werden.

Die farbmetrische Darstellung eignet sich gut für den digitalen Proof. Der Vorteil der farbmetrischen Darstellung besteht darin, daß alle Farben des Ursprungsbildes, die im Gamut des Druckers liegen, exakt reproduziert werden. Das ist nützlich, um kritische Farbtöne exakt darzustellen. Farben des Ausgangsbildes, die außerhalb des Gamuts des Druckers liegen, werden „abgeschnitten", indem sie auf die nächstliegende druckbare Farbe verschoben werden. Das Verfahren hat den Nachteil, daß viele verschiedene Farben des Originalbildes auf die gleiche druckbare Farbe abgebildet werden können. Würde man die farbmetrische Darstellung zum Beispiel auf ein Photo mit kontinuierlichen Farben anwenden, würden viele der gesättigten Farben des Originalbildes auf den Rand des Drucker-Gamuts verschoben, was eine visuell unbefriedigende Reproduktion zur Folge hätte.

Kalibrierung eines Druckers

Da sich Farbbalance und Linearität eines Druckers im Laufe der Zeit ändern, ist eine regelmäßige Kalibrierung erforderlich. Wie bei Scannern und Monitoren soll auch die Kalibrierung eines Druckers die achromatische Komponente des Druckers neu einstellen (also die Tonwertkurven), die chromatische Komponente (die *render table*) jedoch unverändert lassen.

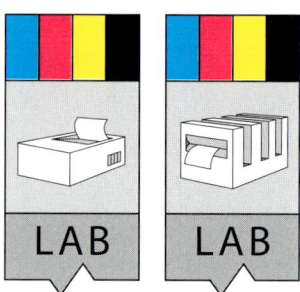

Abb. 19 Die Profile für den Proofdruck und den Fortdruck definieren die Umsetzung der geräteabhängigen CMYK-Farben in den CIELAB-Farbraum

Da wir nur die Tonwertkurven des Druckers aktualisieren wollen, können wir die Kalibrierung mit einem Densitometer durchführen. Die Kalibrierung eines Druckers umfaßt die oben beschriebene Linearisierungskorrektur.

Selbst die perfekte Kalibrierung eines digitalen Farbdruckers stellt nicht sicher, daß seine Ausgabe jemals als traditioneller farbverbindlicher Proof dienen kann: Probleme mit Moirés und Trapping oder Kratzer auf dem Rasterfilm sind auf dem digitalen Proof nicht sichtbar.

4 Colormanagementsysteme

4.1   ICC-Workflows

ICC – der Standard für Farbprofile

In den Anfangszeiten des Colormanagement gab es eine Reihe von Systemanbietern auf dem Markt, deren Colormanagement-Lösungen untereinander inkompatibel waren. Der Austausch kalibrierter Farbdaten zwischen verschiedenen Systemen war damit nicht möglich. Um diesen Mißstand zu beheben, schlossen sich Adobe, Apple, Linotype-Hell, Microsoft, Sun und andere Hersteller zum *International Color Consortium* (ICC) zusammen. Seit 1993 existiert der ICC-Standard, der ein einheitliches Format für Farbprofile festlegt und die Integration der Farbprofile in Bilddateien samt Übergabe der Farbprofile an einen PostScript-RIP beschreibt. Alle wichtigen Anbieter von Betriebssystemen, Colormanagement-Werkzeugen und Anwendungsprogrammen unterstützen inzwischen diesen Standard oder haben dies angekündigt. Der ICC-Standard ist in Windows 95 unter dem Namen ICM *(Image Color Matching)* implementiert, während sich die Variante für das MacOS ColorSync nennt.

Verkettung von ICC-Profilen

Mittels ICC-Profilen lassen sich Farbdaten zwischen beliebigen Farbräumen umrechnen. Dafür wird das Farbprofil des Quellfarbraums mit dem Farbprofil des Zielfarbraums verknüpft. Das Quellprofil wandelt die geräteabhängigen Farben des Quellfarbraums in CIELAB um. Das Zielprofil übernimmt die CIELAB-Daten und wandelt sie in die geräteabhängigen Farben des Zielfarbraums um. Durch die Kopplung eines Offsetdruckprofils als Quellprofil mit einem Monitorprofil als Zielprofil werden CMYK-Dateien für den Offsetdruck farbrichtig auf einem Monitor dargestellt.

Dient ein Scannerprofil als Quellprofil und das Offsetdruckprofil als Zielprofil, lassen sich die RGB-Daten vom Scanner direkt in den Farbraum der Offsetmaschine umrechnen.

Die hohe Kunst des ICC-basierten Colormanagement ist die Verkettung von mehr als zwei ICC-Farbprofilen. Zwischen Quellprofil und Zielprofil dient ein drittes ICC-Profil zum Beispiel für die Simulation ver-

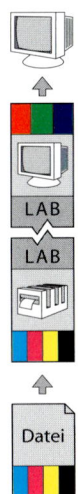

Abb. 20 Verknüpfung von Profilen bei der Monitordarstellung

schiedener Ausgabeverfahren. In die voher beschriebene Kette aus Scanner und Druckprofil läßt sich auch noch ein Monitorprofil hängen. So läßt sich auf dem Monitor simulieren, wie das Profil für den Offsetdruck die Farbumsetzung der Scannerdaten beeinflußt. Bei Verwendung eines Offsetdruckprofils für Kunstdruckpapier sind auf dem Monitor gesättigtere Farben zu sehen als bei Verwendung eines Offsetdruckprofils für Zeitungspapier. Dies beruht darauf, daß auf Kunstdruckpapier prinzipiell gesättigtere Farben gedruckt werden können als auf Zeitungspapier. Die Abbildungen 20 und 21 zeigen die Verknüpfung von Profilen für verschiedene Aufgabenstellungen.

ICC-Profile in Dokumenten und Dateien

Ein Dokument besteht in der Regel aus verschiedenen Bestandteilen, etwa aus plazierten Bildern, Vektorgraphiken oder im Dokument direkt angegebenen farbigen Flächen und Texten. Ist ein Dokument mit allen plazierten Daten direkt für einen Farbraum angelegt, kann ein ICC-Profil dem kompletten Dokument zugeordnet werden. Im graphischen Gewerbe ist es üblich, Dokumente inklusive der plazierten Scans und

Vektorgraphiken komplett in CMYK für den Offsetdruck anzulegen. Das Farbprofil für den Offsetdruck dient dann zur Farbbeschreibung des kompletten Dokuments. Bei der Ausgabe dieses CMYK-Dokuments auf einem Digitalproofgerät durchlaufen die CMYK-Daten des Dokuments erst das Farbprofil für den Offsetdruck und dann das Farbprofil für den Digitalproof.

Anders sieht es beim Arbeiten im RGB-Farbraum aus. Im Gegensatz zum Offsetdruck gibt es keine Standards für RGB-Daten. Werden in einem RGB-Dokument RGB-Scan und RGB-Vektorgraphiken plaziert, so muß jede plazierte Datei unbedingt das Farbprofil ihrer Erzeugung direkt beinhalten. Im plazierten RGB-Scan sind dann die jeweiligen Scannerprofile eingebettet, während plazierte Vektorgraphiken das Monitorprofil enthalten, mit dem der Graphiker während der Erstellung gearbeitet hat. Derzeit sind allerdings erst wenig Programme in der Lage, ICC-Profile in Dateien einzubetten bzw. eingebettete ICC-Profile aus plazierten Dateien im Dokument auszulesen. Eine RGB-basierte Arbeitsweise läßt sich derzeit daher nur in einer völlig geschlossenen Produktionsumgebung durchführen, die sicherstellt, daß alle benutzten Programme mit eingebetteten ICC-Profilen korrekt arbeiten.

Eine dritte Möglichkeit ist das Anlegen kompletter Dokumente in einem medienunabhängigen Farbraum wie CIELAB oder LCH. Adobe Photoshop und ICC-basierte Scanprogramme unterstützen diesen Farbraum bereits für Bilddaten. Auf der Seite der Programme für Layout und Graphikdesign werden medienunabhängige Farbräume derzeit nur in wenigen Fällen unterstützt. Gegenüber RGB-Dateien mit eingebetteten Profilen haben CIELAB oder LCH den Vorteil, ohne Profile auszukommen. Noch wichtiger ist allerdings die Möglichkeit, in diesen Farbräumen präzise numerisch zu arbeiten, während dies in RGB nicht möglich ist. Da es keinen Standard für RGB gibt, liefern gleiche RGB-Daten auf jedem Monitor einen anderen Farbeindruck. Für eine übergreifende Farbdefinition in kompletten Dokumenten sind daher die Farbräume CIELAB und LCH sehr viel besser geeignet als RGB.

CMYK-basierter Workflow mit ICC-Profilen

Grundsätzlich lassen sich zwei Arbeitsabläufe oder neudeutsch Workflows mit ICC-Profilen unterscheiden. Der erste Workflow dient zur Optimierung der traditionell CMYK-basierten Arbeitsweise im graphischen

Gewerbe. Scannerdaten werden mittels Scanner- und Druckprofil auf den CMYK-Farbraum optimiert. CMYK-Dokumente zeigen auf einem Monitor oder Proofdrucker die späteren Farben des Drucks. Abbildung 21 zeigt den Datenfluß und die Kopplung der Profile für diesen Workflow.

Der CMYK-basierte Workflow ermöglicht eine Zusammenarbeit zwischen Anwendern, die ohne Colormanagement arbeiten und solchen, die diese Technologie bereits einsetzen. Da die Scans direkt für die Ausgabe optimiert sind, können sie in jedem Programm verwendet werden, das mit CMYK-Scans arbeitet. Beim Proof der Dokumente auf einem Monitor oder Proofdrucker wird dem Dokument komplett das Farbprofil für den Offsetdruck zugeordnet. Damit lassen sich ohne weiteres CMYK-Dokumente einbinden, die ohne Colormanagement-Werkzeuge erstellt wurden.

Der Austausch von CMYK-Daten zwischen verschiedenen Anwendern und Dienstleistern bzw. die Verwendung von alten Datenbeständen stellt kein Problem dar.

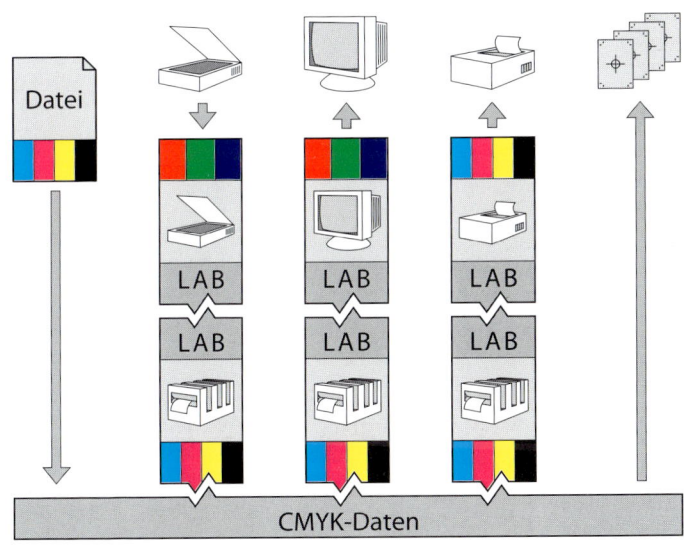

Abb. 21 Abläufe im CMYK-basierten Workflow

RGB/CIELAB-basierter Workflow mit ICC-Profilen

Anders sieht dies bei einem Workflow mit CIELAB- oder RGB-Daten aus. Die Unterstützung von RGB-Daten mit eingebetteten Profilen oder CIELAB-Daten fehlt noch in vielen Programmen. Zur Zeit stellt die Konvertierung bestehender CMYK-Datenbestände in vielen Fällen noch ein Problem dar. Dieser Workflow ist daher nur für Anwender interessant, deren Arbeitabläufe weitgehend abgeschlossen sind, und die ihren Datenbestand regelmäßig für verschiedene Ausgabemedien aufbereiten müssen. Abbildung 22 zeigt den Arbeitsfluß im RGB/CIELAB-basierten Workflow.

Workflows der Zukunft

Es ist abzusehen, daß der CMYK-basierte mit dem RGB/CIELAB-basierten Workflow zusammenwächst. Einerseits lassen sich CMYK-Daten mittels Farbprofilen für verschiedene Ausgabemedien anpassen oder auf andere Druckstandards umrechnen. So können die Anwender, die in CMYK „denken", ihren CMYK-Datenbestand optimal in einer multimedialen Umgebung nutzen.

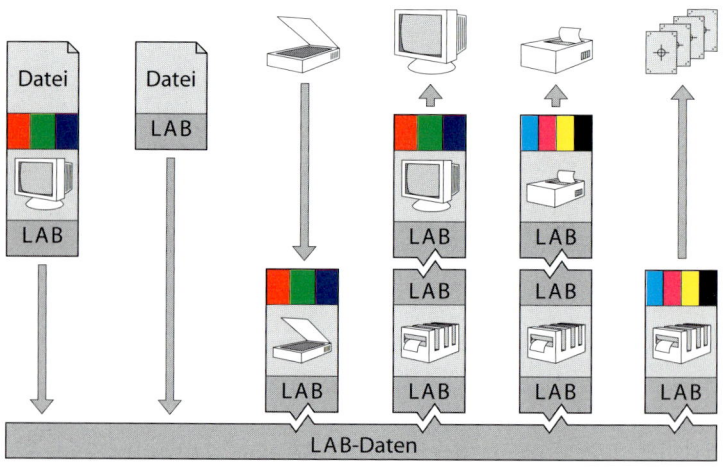

Abb. 22 Abläufe im RGB/CIELAB-basierten Workflow

Andererseits ist es nur eine Frage der Zeit, bis alle Anwendungs-
programme durchgehend mit RGB-Daten inklusive ICC-Profil und
CIELAB-Daten arbeiten können. Wenn dann auch Lösungen für die Konvertierung von CMYK-Datenbeständen für alle üblichen Dokument- und
Dateiformate existieren, verschwimmen die Grenzen zwischen dem
CMYK- und dem RGB/CIELAB-Workflow. Bis es allerdings soweit ist,
wird es für die meisten Anwender sinnvoller sein, ihren CMYK-basierten
Workflow mit ICC-Profilen zu optimieren. Nur so lassen sich derzeit
Kompatibilität zu Altdaten und problemloser Datenaustausch mit ande-
ren Anwendern und Dienstleistern garantieren. Erfahrungen, die hier
gesammelt werden, und die dabei genutzen ICC-Profile erleichtern später
den Umstieg auf einen RGB/CIELAB-Workflow, wenn dieser die volle
Produktionstauglichkeit erreicht hat.

Rendering Intents in ICC-Profilen

Ein *Rendering Intent* (frei übersetzt etwa: Zielsetzung bei der Bildreproduktion) in ICC-Profilen beschreibt die Art und Weise, wie das Gamut
Mapping bei der Umsetzung von Farbdaten zwischen verschieden großen Farbräumen durchgeführt wird (siehe auch Abschnitt 3.1). Der farbmetrische Rendering Intent verfolgt das Ziel einer möglichst identischen
Umsetzung von einem Quellfarbraum in einen Zielfarbraum. Besitzt der
Quellfarbraum einen kleineren Gamut als der Zielfarbraum, so werden
alle Farben eins zu eins umgesetzt. Damit ist der farbmetrische Rendering Intent ideal für die Simulation der zu druckenden Farben auf einem
Monitor oder einem Proofdrucker. Ist der Quellfarbraum allerdings größer als der Zielfarbraum, setzt der farbmetrische Rendering Intent alle
Farben, die außerhalb des Ziel-Gamuts liegen, auf den nächstliegenden
Wert im Zielfarbraum. Dies kann zu Zeichnungsverlusten in den gesättigten Farbbereichen führen. Scanner und Monitore haben meist einen
deutlich größeren Gamut als Offsetmaschinen. Zur Umsetzung von
Farbdaten aus diesen Quellen gibt es daher in einem ICC-Profil zusätzlich den photographischen Rendering Intent. Dabei werden nicht alle
gesättigten Farben des Quellfarbraums auf die nächstliegende Farbe im
Zielfarbraum umgesetzt, sondern der gesamte Quellfarbraum komprimiert. Dadurch bleibt der Farbeindruck des kompletten Bildes erhalten,
auch wenn es im Zielfarbraum insgesamt etwas weniger gesättigt
erscheint als im Quellfarbraum. Für den digitalen Proof eignet sich der

photographische Rendering Intent nicht, da dieser grundsätzlich den Farbraum reduziert, auch wenn der Zielfarbraum größer als der Quellfarbraum ist. Beim farbmetrischen Rendering Intent gibt es ferner die Varianten *absolut* und *relativ*. Bei der relativen Variante wird der Weißpunkt des Quellfarbraums auf den des Zielfarbraums verschoben. Bei der absoluten Variante wird der Weißpunkt des Quellfarbraums im Zielfarbraum simuliert. Mit der absoluten Variante lassen sich zum Beispiel die Färbungen verschiedener Papiersorten im Offsetdruck auf einem einzigen Proofmedium simulieren.

Die Rendering Intents sind als große dreidimensionale Tabellen angelegt, die den gesamten Farbraum eines Ein- oder Ausgabegeräts in bezug auf einen medienunabhängigen Farbraum beschreiben.

Tonwertkurven in ICC-Profilen

Unabhängig von den dreidimensionalen Tabellen in den Rendering Intents lassen sich in ICC-Profilen auch Tonwertkurven verwalten. Damit läßt sich die tägliche Kalibrierung (Linearisierung) eines Ein- oder Ausgabemediums von seiner grundsätzlichen Charakterisierung trennen. Die tägliche Kalibrierung eines Farbkopierers über ein Densitometer hinterlegt eine Korrekturkurve als Tonwertkurve im ICC-Profil. Dieser Vorgang dauert bei einem automatischen Einzugsdensitometer nur wenig mehr als eine Minute. Damit hat der Farbkopierer jeden Tag den gleichen Stand und unabhängig von seinen Schwankungen kann immer mit den gleichen dreidimensionalen Tabellen im ICC-Profil gearbeitet werden. Der Einsatz von Tonwertkurven ist auch in Monitorprofilen sinnvoll, da über sie ein visueller Ausgleich des Umgebungslichtes erfolgen kann. Derzeit ist der Einsatz von Tonwertkurven in ICC-Profilen allerdings erst ansatzweise verbreitet. Viele Lösungen setzen auf äquivalente Ansätze wie Transferkurven im PostScript-RIP für die Ausgabe oder Tools wie Photoshop/Gamma für die Monitoroptimierung.

4.2 ICC-Profile und PostScript

Farbkonzepte in PostScript Level 1

PostScript ist der bestimmende Standard zur Verarbeitung und Ausgabe kompletter Dokumente im graphischen Gewerbe. Die Problematik der unterschiedlichen Farben auf Vorlagen, Monitor, Präsentationsdrucker und Offsetdruck hängt eng mit den Farbkonzepten von PostScript zusammen. In den Anfangszeiten von PostScript (PostScript Level 1) war der Einsatz von Farbprofilen nicht vorgesehen. CMYK-Farbwerte wurden an jedes Ausgabegerät unverändert durchgereicht. Dadurch sahen CMYK-Farben auf jedem Farbdrucker anders aus, da jeder Drucker seine eigene Farbcharakteristik besitzt. Ebenso wurden CMYK-Farben nach einer einheitlichen Formel für beliebige RGB-Ausgabesysteme umgerechnet. Auch das führte dazu, daß CMYK-Farben auf jedem Monitor anders dargestellt wurden, da auch jeder Monitor seine eigene Farbcharakteristik besitzt.

Erweiterte Farbkonzepte in PostScript Level 2

In PostScript Level 2 wurden erste Ansätze zur Unterstützung von Farbprofilen implementiert. Wenn der Anwender mit RGB- oder CIELAB-Daten arbeitet, kann im RIP ein Profil für den Quellfarbraum mit dem Profil des Zielfarbraums des Ausgabegerätes verrechnet werden. Da aber nicht einmal Adobe in seiner eigenen Produktreihe die Farbräume RGB und CIELAB konsequent umgesetzt hat, ist ein professioneller Einsatz von RGB/CIELAB-Daten zur Zeit nicht möglich. Im Unterschied zum ICC-Mechanismus kann PostScript Level 2 maximal nur 2 Profile miteinander verknüpfen. Auf einem Proofdrucker mit einem großen Gamut kann dadurch zum Beispiel nicht der kleinere Gamut des Zeitungsdrucks mittels eines dritten Profils simuliert werden. Während PostScript Level 2 Farbprofile für RGB- und CIELAB-Daten zuläßt, sind diese für CMYK-Daten nicht vorgesehen. Dadurch bleiben in der Praxis unter Level 2 die gleichen Farbprobleme bestehen wie unter Level 1.

Die Problematik der EPS-Dateien

EPS-Dateien *(Encapsulated PostScript)* bestehen aus den eigentlichen PostScript-Daten und einer niedrig aufgelösten Vorschau in einem reinen Pixelformat (TIFF oder PICT). Die Architektur von Betriebssystemen, PostScript und Anwendungsprogrammen ist so ausgelegt, daß im Anwendungsprogramm nur mit der Vorschau gearbeitet wird. Auf die PostScript-Daten innerhalb einer EPS-Datei greifen Anwendungsprogramm und Betriebssystem nicht zu. Erst im PostScript-RIP werden Informationen wie Plazierung und Skalierung der Vorschaudatei auf die PostScript-Daten innerhalb des EPS-Formats umgesetzt.

Ein Colormanagement-System auf Betriebssystemebene, etwa ColorSync unter MacOS oder ICM unter Windows, hat keine Möglichkeit, plazierte EPS-Dateien in einem Anwendungsprogramm farblich zu korrigieren. Wenn ein Colormanagement-System im Unterschied zu PostScript Level 2 CMYK-Daten farblich korrigieren kann, greift dies im Anwendungsprogramm nur für plazierte TIFF-Dateien und direkt angelegte Farben. EPS-Dateien werden nicht farbkorrigiert. Die Farbanpassung kompletter CMYK-Dokumente direkt aus dem Anwendungsprogramm ist dadurch nicht möglich.

Erweitertes Farbkonzept ab PostScript 2016

Neben den großen Versionssprüngen wie Level 1, Level 2 und dem angekündigten Level 3 gibt es kleinere Schritte in der Entwicklung von PostScript, die mit Versionsnummern ab 2010 und höher gekennzeichnet werden. Aktuelle PostScript-Drucksysteme arbeiten mit den PostScript-Versionen 2012 bis 2015. Im Frühjar 1996 veröffentlichte Adobe die Spezifikation von Version 2016, mit der die Farbverarbeitung unter PostScript einen großen Sprung nach vorne macht. Ab dieser Version können auch CMYK-Daten Profile zugewiesen werden. Laut Adobe gibt der Anwender dann im Druckertreiber als Quellprofil für die CMYK-Daten ein Offsetdruckprofil an und als Zielprofil das seines Proofdruckers. Damit kann dann aus jeder Applikation, die PostScript erzeugen kann, ein Farbdrucker mit einem RIP ab Version 2016 farbverbindlich angesteuert werden. Da die Verrechnung der Profile im RIP stattfindet, wird die gesamte PostScript-Datei inklusive aller plazierten EPS-Dateien farbkorrigiert.

4.3 Scannen mit ICC-Profilen

Allgemeines

Um einen flüssigen und sicheren Produktionsablauf zu gewährleisten, ist es beim derzeitigen Stand der Technik sinnvoll, Scans im CMYK-Farbraum an Layout- oder Graphikprogramme zu übergeben. Um abgeglichene CMYK-Scans zu bekommen, ist es nötig, die RGB-Daten des Scanners über die Verknüpfung von Scanner- und Druckprofil in den CMYK-Farbraum zu wandeln. Dies kann prinzipiell in der Scansoftware oder in einem Bildbearbeitungsprogramm wie Adobe Photoshop passieren. Der Quasi-Standard Photoshop hat hierbei allerdings ein Problem. Photoshop unterstützt auch in der Version 4.0 keine RGB-Daten mit eingebettetem Profil. Alle RGB-Daten müssen an Photoshop farbkorrigiert für den jeweiligen Monitor übergeben werden. Einer RGB-Datei, die von einem Scanner stammt, kann in Photoshop nicht das Farbprofil des Scanners mitgegeben werden. Damit ist das kalibrierte Arbeiten mit RGB-Daten in Photoshop nur in den wenigsten Fällen produktionsnah möglich. Andererseits bietet Photoshop sehr gute Möglichkeiten, um

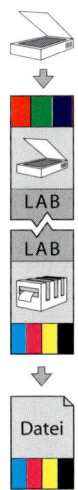

Abb. 23 Verknüpfung von Profilen beim Scannen

CMYK-Daten in den Farben des späteren Drucks darzustellen. Daher ist es sinnvoll, in der Scannersoftware Scanner- und Druckprofil miteinander zu verknüpfen und CMYK-Daten an Photoshop zu übergeben.

Alle nachfolgend genannten Scanlösungen liefern mit Standardprofilen für den Offsetdruck sehr gute Ergebnisse. Das individuelle Erstellen von Farbprofilen ist meist nicht notwendig.

Scansoftware mit ICC-Unterstützung

Einer der bekanntesten Vertreter dieser Gattung ist die Software Linocolor. Der Hersteller Linotype-Hell ist einer der Pioniere für ICC-basiertes Colormanagement. Unter anderem hat die Firma für Apple das ICC-kompatible ColorSync 2.0 programmiert. Linocolor war die erste Scansoftware, die die gesamte Palette vom preiswerten Flachbettscanner für Einsteiger bis zum Highend-Trommelscanner unterstützt. Die Software verbindet weitreichende Automatikfunktionen mit den manuellen Eingriffsmöglichkeiten professioneller Systeme zur Farbkorrektur. Profis haben so die gewohnten Eingriffsmöglichkeiten, weniger versierte Anwender können mit den Automatikfunktionen sofort einsteigen.

Neu im Wettbewerb ist die Software Colorblind Edit, die mit beliebigen Scanner-Plug-Ins für Photoshop arbeitet. Erstmals wurde hier das Konzept verwirklicht, Farbkorrekturen komplett von den Bilddaten zu trennen und optional in ICC-Profilen abzuspeichern. Damit lassen sich Farbkorrekturen auch auf komplette PostScript-Dokumente übertragen oder ICC-Profile für bestimmte Anwendungszwecke modifizieren.

Photoshop-Plug-Ins mit ICC-Unterstützung

Bei der Verwendung eigenständiger Scanprogramme müssen Scans erst abgespeichert und wieder aufgerufen werden, damit sie in Photoshop zur Verfügung stehen. Bei einem Scanner-Plug-In mit ICC-Unterstützung steht der Scan sofort in Photoshop zur Verfügung. Die Plug-Ins Agfa Fotolook 3.0 und Silverfast bieten ICC-Unterstützung für eine Reihe speziell angepaßter Scanner. Die Software Logoscan der deutschen Firma Logo ermöglicht die Nutzung von ICC-Profilen in jedem beliebigen Scanner-Plug-In für Photoshop.

4.4 Digitalproof mit ICC-Profilen

Allgemeines

Für den Digitalproof existiert eine Reihe von Technologien auf dem Markt. Während Thermosublimationsdrucker nur auf glänzenden Spezialmaterialien drucken können, bietet zum Beispiel der Festtintendruck die Möglichkeit der Ausgabe auf beliebigem Auflagenpapier. Beim Festtintendruck wird ein wachsartiger Farbträger geschmolzen, der wieder fest wird, sobald er auf das zu bedruckende Material trifft. Neben diesen grundsätzlichen Unterschieden in der Drucktechnologie bildet die Technik zur Farbanpassung an den Fortdruck das zweite Standbein für den fortdruckverbindlichen Digitalproof. Individuelle ICC-Profile für Proof und Fortdruck holen das maximal Mögliche aus einer Technologie für den Proofdruck heraus. Die Verrechnung dieser Profile kann an verschiedenen Stellen stattfinden.

Abb. 24 Verknüpfung von Profilen beim Proof

Proof von TIFF-Sammelformen aus dem Anwendungsprogramm

Die Farbanpassung findet im Anwendungsprogramm statt, das seinerseits wieder ColorSync oder ICM im Betriebssystem aufruft. Dieses Verfahren funktioniert mit jedem farbfähigen Drucker, spart aber plazierte EPS-Dateien aus, da das Anwendungsprogramm nur mit dem Vorschaubild arbeitet. Für Sammelformen von TIFF-Bildern ist diese Lösung ausreichend, preiswert und praktikabel. Zur Zeit unterstützen PageMaker 6.5, FreeHand 7.0 und QuarkXPress fürMacOS mit der XTension ColorSync diesen Workflow.

Proof kompletter PostScript-Dateien

Es gibt Spezialsoftware, die sich zwischen Druckertreiber und PostScript-RIP eines beliebigen Farbdruckers einklinkt. Diese Programme beinhalten ein Software-RIP, mit dem sie die vom Druckertreiber erzeugte PostScript-Datei interpretieren. Dadurch haben diese Programme auch Zugriff auf plazierte EPS-Dateien in einem Dokument. Eine Farbkorrektur von CMYK-Dateien für beliebige PostScript-Drucker mittels ICC-Profilen wird damit möglich. Zur Zeit sind die Programme Parachute der Firma Color Solutions und der Batchmatcher der Firma Logo verfügbar.

Digitalproof mit ICC-Unterstützung im RIP

Ab PostScript 2016 ist die Verarbeitung von ICC-Profilen eine Standardfunktion von Farbdruckern. Viele Anbieter von Digitalproofsystemen können schon seit Jahren mit Farbprofilen im RIP arbeiten, verwenden dann aber meist eigene Profilformate, die zu keiner anderen Anwendung kompatibel sind. Viele Hersteller haben allerdings die Verarbeitung von ICC-Profilen im RIP angekündigt oder kommen gerade mit entsprechenden Lösungen auf den Markt. Dazu zählen neben anderen IRIS mit dem Realist DCP, Linotype-Hell mit dem Delta-RIP für verschiedene Proofsysteme und der Dryjet von Polaroid Graphics Imaging.

4.5   Erzeugen individueller Ausgabeprofile

Allgemeines

Individuelle Ausgabeprofile ermöglichen die beste Anpassung des Digitalproofs an den Fortdruck. Bei einigen Papiersorten, zum Beispiel ungestrichenem Recyclingpapier, läßt sich so auf einigen Digitalproofsystemen eine bessere Simulation des Farbverhaltens erreichen als mit einem Analogproof. Prinzipiell besteht die Möglichkeit, diese Profile bei einem Dienstleister erstellen zu lassen oder dies mittels geeigneter Software und Meßtechnik selbst vorzunehmen. Da es sich hier noch um eine Pioniertechnologie handelt, sollte man auf jeden Fall mit einem Fachhändler zusammenarbeiten, der über ausreichend Erfahrung auf diesem Gebiet verfügt.

Meßtechnik

Derzeit gibt es eine Reihe von Herstellern, die Spektralphotometer zur Vermessung von Testcharts zur Profilerstellung anbieten. Einige dieser Geräte lassen sich zusätzlich zur Vermessung von Monitoren einsetzen. Nützlich sind auch automatische Meßtische, die ein Testchart mit 900 Feldern selbständig vermessen können. Dies ist bedeutend bequemer, als die Messung per Hand durchzuführen. Am deutschen Markt bieten unter anderem Lightsource, Techkon oder X-Rite Meßgeräte zur Erstellung von Farbprofilen an.

Das zur Zeit flexibelste Gerät ist das Gretag Spectrolino, das sowohl Druckercharts als auch Monitore vermessen kann. Mit dem zusätzlichen Meßtisch wird die automatische Vermessung von Druckcharts mit dem Spectrolino möglich.

Software zur Profilerstellung

Die Erstellung individueller ICC-Profile und die Integration in die tägliche Produktionspraxis ist keine Plug-and-Play-Lösung. Kaufen Sie daher die Software nur bei einem Händler, der Sie nachher auch bei den ersten Schritten in der Produktion unterstützt. Derzeit werden Lösungen von

Color Solutions/Optotrade, Linotype-Hell und Logo von Fachhändlern betreut. Vergleichbare Produkte wurden von Agfa und Scitex angekündigt.

Ausblick

Colormanagement ist derzeit noch eine sehr junge Technologie. Verglichen mit DTP befinden wir uns ungefähr auf dem Stand von PageMaker 1.0. Spezielle Anwendungen wie das Scannen für den Offsetdruck oder der digitale Proof mit ICC-Profilen funktionieren weitgehend problemlos. Je stärker man aber die Möglichkeiten dieser Technologie ausreizt, desto größer ist auch die Wahrscheinlichkeit, noch auf Kinderkrankheiten zu treffen. Wer sich im graphischen Gewerbe schon Ende der achtziger Jahre intensiv mit PostScript auseinandergesetzt hat, verfügt heute meist über die bessere Arbeitsorganisation gegenüber den Mitbewerbern. Wer sich daher jetzt mit Colormanagement aktiv auseinandersetzt, erarbeitet sich das Know-how, um mit beliebigen digitalen Medien farbsicher zu arbeiten. Colormanagement ist eine Basistechnologie, die von der digitalen Photographie über die Reproduktion mittels Scannern bis hin zu verschiedensten digitalen Proofverfahren reicht. Den Pionieren von heute gehören die Geschäftsfelder von morgen.

Glossar

Charakterisierung   Erstellung einer Datenstruktur (*dictionary*), die den Zusammenhang zwischen den Farbausgabemöglichkeiten eines Geräts und einem bestimmten geräteunabhängigen Farbraum beschreibt.

Chromatische Adaption   Die Eigenschaft des menschlichen Wahrnehmungsapparats, eine Farbszene unabhängig von der Farbtemperatur des Umgebungslichts zu beurteilen.

Chromatizität   Eine Farbeigenschaft, die den Grad der Sättigung im Munsell-Farbraum angibt.

Delta E (ΔE)   Der geometrische Abstand zweier Farben in einem Farbraum, oft CIELAB.

Densitometer   Ein elektronisches Kontrollgerät zur Messung der Opazität durchsichtiger Farbstoffe.

Dichteumfang   Der Bereich zwischen minimalem und maximalem Dichtewert eines Originals.

Farbmetrische Darstellung   Siehe kolorimetrische Darstellung.

Farbgamut   Siehe Gamut.

Farbraum   Ein dreidimensionaler Raum oder ein Modell, in dem Farben durch ihre relative Position bezüglich dreier Achsen beschrieben werden. Die Achsen entsprechen der trichromatischen Natur der menschlichen Farbwahrnehmung.

Farbtemperatur   Die Temperatur (in Grad Kelvin oder K) eines theoretischen Hohlkörpers, des sogenannten Planckschen Strahlers oder Schwarzkörpers, die zum Vergleich von Lichtquellen herangezogen wird.

Gamma   Ein berechneter Wert für den Kontrast, dargestellt durch den griechischen Buchstaben γ.

Gamut (Farbumfang)   Die Gesamtheit aller Farbkombinationen, die mit bestimmten Farbstoffen auf einem Gerät oder System erzeugt werden können.

Gamut Mapping   Die Umsetzung von Farbwerten, die außerhalb des Farbumfangs eines bestimmten Geräts liegen, in druckbare Farben. Die Umsetzung erfolgt durch Algorithmen oder spezielle Lookup-Tabellen.

Geräteprofil   Eine Datei, die die charakteristischen Eigenschaften eines Ausgabegeräts bezüglich der Farbdarstellung beschreibt.

Geräteunabhängige Farbe   Ein Konzept zur Spezifikation von Farben unabhängig von Ein- oder Ausgabegeräten, das eine exakte Farbwiedergabe gewährleistet.

Kalibrierung   Anpassung der Farbausgabe eines Geräts an vordefinierte Werte, die durch die Charakterisierung definiert werden.

Kennlinie   Das tonale Verhältnis aller Elemente (also das Verhältnis zwischen Glanzlichtern und Schatten) im Vergleich von Originalbild, Filmen und reproduziertem Bild.

Kolorimeter   Ein Gerät zur Messung der trichromatischen Werte einer Farbe mit einer Spektralfunktion, die der des menschlichen Auges entspricht.

Kolorimetrische Darstellung   Eine Methode der Farbreproduktion, bei der Ursprungsfarben, innerhalb des Farbumfangs des Druckers exakt dargestellt werden, während außerhalb liegende Farben in die nächstliegende druckbare Farbe umgesetzt werden.

Lineare Transformation   Eine Gleichung, die einer bestimmten Größe die gewichtete Summe oder Differenz anderer Größen zuordnet. Eine nichtlineare Transformation ordnet einer Größe eine mathematische Funktion der Ausgangsgrößen zu, die von höherer Ordnung ist (z.B. Quadrat oder Kubikwurzel).

Luminanz   Die Helligkeit eines wahrgenommenen Objekts.

Metameres Paar   Zwei farbige Objekte mit unterschiedlicher Spektralfunktion, die unter einer bestimmten Beleuchtung gleich aussehen.

Perceptual Rendering (wahrnehmungsoptimierte Umsetzung)   Eine Methode zur Farbreproduktion, bei der alle Farben eines Originals so lange in Richtung zur neutralen Achse verschoben werden, bis alle Farben im Farbumfang des Geräts liegen. Dabei behalten die Farben des Originals ihre relativen Beziehungen zueinander bei.

Render Table   Eine im voraus berechnete Tabelle mit Werten, die die Umsetzung von Eingabewerten eines Farbraums in Ausgabewerte eines anderen Farbraums ermöglicht.

Simultankontrast   Das Phänomen, daß unsere Wahrnehmung eines farbigen Objekts von den benachbarten Farben einer Szene stark beeinflußt wird.

Spektrale Energieverteilung   Der Betrag an Strahlungsenergie der einzelnen Wellenlängen einer bestimmten Lichtquelle, gemessen mit einem Spektroradiometer.

Spektralfunktion   Die relative Empfindlichkeit von Eingabegeräten (z.B. Scannern) bezüglich der einzelnen Wellenlängen des sichtbaren Spektrums.

Spektrale Remission   Der Betrag des von einem undurchsichtigen Objekt reflektierten Lichts bei den einzelnen Wellenlängen, gemessen mit einem Spektralphotometer.

Spektrale Transmission   Der Betrag des von einem transparenten Objekt hindurchgelassenen Lichts bei den einzelnen Wellenlängen, gemessen mit einem Spektralphotometer.

Spektralphotometer   Ein Gerät zur Messung der Remission oder Transmission eines Objekts.

Spektroradiometer   Ein Gerät zur Messung der spektralen Energieverteilung einer Lichtquelle.

Sukzessiver Kontrast   Das Phänomen, daß die Anpassung des Auges an eine wahrgenommen Farbe die Wahrnehmung der nächsten betrachteten Farbe beeinflußt.

Trichromatisches System   Die durch die Eigenschaften der menschlichen Wahrnehmung begründete Tatsache, daß man Farben durch ein dreidimensionales Koordinatensystem beschreiben kann.

Index

Über den Autor

Dr. Rudolph Burger studierte an der Cambridge University in England digitale Bildverarbeitung mit dem Abschluß Ph.D. und an der Yale University Elektronik mit den Abschlüssen BSc und MSc. Er ist Mitglied der Sigma XI Scientific Honorary Society und der IEEE und verfaßte eine Vielzahl technischer Schriften über digitale Bildverarbeitung.

Nach dem Studium war Burger am Computer Science Department des Thomas J. Watson Research Center von IBM beschäftigt. Dort war er an der Entwicklung digitaler Bildverarbeitung für den Personal Computer von IBM beteiligt. Für seine Arbeiten über bipolare VLSI-Geräte und Schaltkreise erhielt er den IBM Research Division Award.

Später gründete Dr. Burger die Avalon Development Group, die PhotoMac entwickelte, die erste vollfarbfähige Bildverarbeitungs- und Separationssoftware für den Macintosh II.

Burger ist Gründer und Präsident von Savitar, Inc. Die Firma besteht seit 1989 und bietet Beratung und Software für die Druckindustrie und Digitalphotographie.

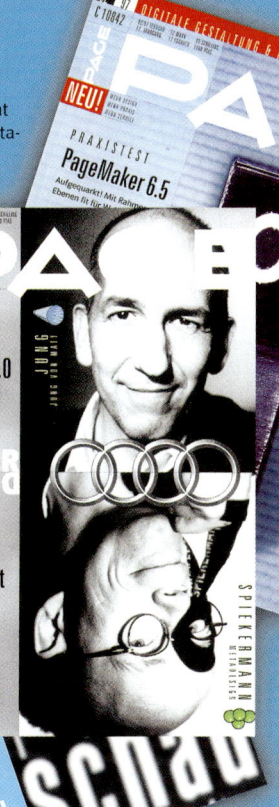